Neuere Untersuchungen

über

Wachsthum und Ertrag

normaler Kiefernbestände

in der

norddeutschen Tiefebene.

Nach den Aufnahmen

der

Preussischen Hauptstation des forstlichen Versuchswesens

bearbeitet

von

Dr. Adam Schwappach

Königl. Preuss. Forstmeister, Professor an der Königl. Forstakademie Eberswalde und Abtheilungs-Dirigent
bei der Preuss. Hauptstation des forstlichen Versuchswesens.

Berlin.
Verlag von Julius Springer.
1896.

ISBN-13 : 978-3-642-98239-2   e-ISBN-13 : 978-3-642-99050-2
DOI : 10.1007/978-3-642-99050-2

Vorwort.

Es sind nunmehr 20 Jahre verflossen, seitdem die Ertragsuntersuchungen in Kiefernbeständen begonnen haben und die
ersten Durchforstungsversuche für diese Holzart in Preussen ein-
gerichtet worden sind. Fast gleichzeitig wurden bereits einzelne
Versuche über den Einfluss der Lichtungen eingeleitet, welche
nach Aufstellung des diesbezüglichen Arbeitsplanes von Seiten
des Vereins deutscher forstlicher Versuchsanstalten eine Vermehrung erfahren haben.

Im Jahre 1890 endlich ist als letztes Glied die Untersuchung
der technischen Eigenschaften des Kiefernholzes in Angriff genommen worden und zwar zunächst von Seiten der Hauptstation
allein durch Ermittlung des specifischen Gewichtes, seit 1892
aber in Gemeinschaft mit der mechanisch-technischen Versuchs-
anstalt zu Charlottenburg, welch' letztere die Ermittlung der
Druckfestigkeit besorgt.

Nunmehr erscheint der geeignete Zeitpunkt gekommen, um
das während zwei Decennien angesammelte Material zu bearbeiten
und zu veröffentlichen.

Die vorliegende Arbeit bildet den ersten Theil dieser Publication und beschäftigt sich mit der Entwicklung der geschlossenen,
normalen Kiefernbestände unter dem Einfluss eines „mässigen"
Durchforstungsgrades, sie stellt zugleich eine theilweise Neubearbeitung meiner 1889 erschienenen Schrift „Wachsthum und Ertrag
normaler Kiefernbestände in der norddeutschen Tiefebene" dar.

Der zweite Theil wird den Einfluss verschiedener Durch-
forstungsgrade und Lichtungshiebe und der dritte die Ergebnisse
der Untersuchungen über die Holzqualität behandeln. Diese
beiden Abschnitte werden binnen Jahresfrist erscheinen.

Eberswalde, im März 1896.

Dr. Schwappach.

Inhalt.

Nach den Bestimmungen des Arbeitsplanes für die Behandlung der Ertragsprobeflächen sollen diese alle fünf Jahre durchforstet und periodisch nach dem Arbeitsplan für die Durchforstungsversuche von Neuem aufgenommen werden.

Die ersten von Seiten der Hauptstation allein bewirkten Aufnahmen der preussischen Kiefernertragsprobeflächen hatten in den Jahren 1887 und 1888 stattgefunden, und wurde deshalb nach Abschluss der Ertragsuntersuchungen in Buchenbeständen die Neubearbeitung der Kiefernertragsprobeflächen im Jahre 1893 in Angriff genommen. Diese ist in den Jahren 1893, 1894 und 1895 nach vorheriger Revision der Flächen von Seiten des Versuchsdirigenten durch die Assistenten der forstlichen Abtheilung besorgt worden, in dieser Eigenschaft waren 1893 und 1894 sowie theilweise auch 1895 Herr Forstassessor Dr. Freiherr von dem Bussche, vom Juni 1895 ab dessen Nachfolger, Herr Forstassessor Dr. Bertog, thätig. Ich ergreife gern diese Gelegenheit, um den genannten Herren meinen besten Dank für ihre eifrige Mitarbeit, sowie für ihre Unterstützung bei den äusserst mühsamen und umfangreichen Berechnungen auszusprechen.

Verschiedene Gründe haben mich veranlasst, diese Arbeit in besonders sorgsamer und eingehender Weise durchzuführen.

Zunächst handelte es sich darum, die stammweise Nummerirung, welche 1888 erst probeweise auf einigen Flächen begonnen worden war, allgemein anzubringen, da die Erfahrung auf das Deutlichste beweist, dass eine befriedigende und den an wissenschaftliche Arbeiten hinsichtlich des Genauigkeitsgrades zu stellenden Anforderungen entsprechende Lösung der einschlägigen Fragen nur unter Anwendung dieses Verfahrens zu erzielen ist.

Weiterhin sollte aber auch eine genaue Ermittlung des Vorrathes und Zuwachses nach der von mir mehrfach beschriebenen Methode stattfinden. Ihre Anwendung liess umso bessere Resultate erwarten, als aus den Aufnahmen von 1887/88 die Messungen zahlreicher Probestämme zur Verfügung standen, durch deren Combination mit den neuen Probestammfällungen nicht nur ein hohes Maass von Genauigkeit für die diesmaligen Aufnahmen erzielt werden konnte, sondern auch die Prüfung der früheren Massenermittlung und namentlich die Berechnung des periodischen Gesammtzuwachses an Kreisfläche und Masse ermöglicht wurde.

Dieses Material, welches in gleicher Reichhaltigkeit und mit gleicher Genauigkeit noch niemals zur Verfügung stand, bot die beste Gelegenheit zur Prüfung meiner 1889 aufgestellten Ertragstafeln[1]. Eine solche Revision schien um so wünschenswerther, als meine inzwischen durchgeführten Untersuchungen über die Kiefernformzahlen[2] Bedenken gegen die vollständige Richtigkeit der in den Ertragstafeln enthaltenen Bestandesformzahlen und damit auch gegen jene der hiermit rechnerisch zusammenhängenden Kreisflächensummen veranlasst hatte[3], während die übrigen Angaben der Ertragstafeln, namentlich die wichtigsten derselben, jene hinsichtlich der Derbholzmassen und Höhen, sich bei gelegentlichen Prüfungen als durchaus zutreffend erwiesen hatten und auch von der Kritik nicht beanstandet worden waren.

I. Grundlagenmaterial.

Da einerseits der Schwerpunkt der Arbeit auf die Benutzung der Ergebnisse der wiederholten Aufnahmen, welche von Seiten der Hauptstation mit grösster Sorgfalt durchgeführt worden waren, gelegt wurde, und andrerseits eine erhebliche Vermehrung der Ertragsprobeflächen weder nach den gemachten Erfahrungen nothwendig, noch nach dem allgemeinen Arbeitsprogramm wünschenswerth erschien, so finden sich in Tabelle I in der Hauptsache nur solche Probeflächen, welche bereits in meiner Arbeit von 1889 benutzt sind.

Vermehrt ist ihre Zahl nur um einige schlesische Versuchsflächen, welche im Sommer 1889 zum ersten Mal von der Hauptstation aufgenommen worden waren und daher für die erste Bearbeitung noch nicht benutzt werden konnten, sowie um die

---

[1] Schwappach, Wachsthum und Ertrag normaler Kiefernbestände in der norddeutschen Tiefebene, Berlin 1889

[2] Schwappach, Formzahlen und Massentafeln für die Kiefer, Berlin 1890.

[3] Vergl. Weise, Formzahlen und Ertragstafeln für die Kiefer, Zeitschr. f. Forst- u. Jagdwesen 1890, S. 553.

„mässig" durchforsteten, also den Ertragsprobeflächen gleich behandelten Unterflächen II der bisher zum zweiten Mal aufgenommenen Durchforstungsversuchsflächen.

Neu angelegt wurden nur einige Flächen, welche einen Ersatz für die durch den Windbruch im Februar 1894 unbrauchbar gewordenen Flächen bilden sollen.

Der Regel nach sind für jede Versuchsfläche die beiden von der Hauptstation bewirkten Aufnahmen mitgetheilt, bei einer grösseren Anzahl von Flächen (37) ist aber ausserdem auch noch die erste, bei der Anlage in den Jahren 1876 und 1877 gemachte Aufnahme beigefügt. Dieses geschah bei jenen Flächen, für welche die Prüfung im Jahre 1889 einen erheblichen Fehler bei der ersten Ermittlung nicht als wahrscheinlich hatte erscheinen lassen, und bei denen Aenderungen in der Flächengrösse inzwischen nicht eingetreten waren.

Da die Messungen und Berechnungen anfangs von den Revierverwaltern oder gelegentlichen Hilfsarbeitern, sowie nach einer anderen Methode durchgeführt worden sind, als gegenwärtig angewendet wird, so sind die Zahlen der ersten Aufnahme mit jenen der beiden folgenden nicht vollkommen gleichwerthig und vergleichsfähig. Immerhin dürfte ihre Mittheilung doch deshalb von Interesse sein, weil sie ein Bild von der Entwicklung unserer Kiefernbestände für einen nahezu zwanzigjährigen Zeitraum gewähren.

Die Vergleichung der Zahlen für die 1887/88 ausgeführten Aufnahmen in meiner Publication von 1889 mit der jetzigen weist öfters einige, jedoch meist unerhebliche Verschiedenheiten auf. Der Grund hierfür liegt darin, dass bei der von mir angewandten Methode die Probestämme und Zuwachsuntersuchungen der neuen Aufnahmen mit jenen der älteren combinirt und hierdurch nicht nur im Durchschnitt eine Verdopplung der Probestammzahl erreicht, sondern auch eine Controle, sowie eine Berichtigung der früheren Aufnahme ermöglicht wird.

In der weitaus überwiegenden Mehrzahl der Fälle hat die rückwärts construirte Kreisfläche und Masse der Probeflächen mit jener bei der ersten Aufnahme 1887/88 vorzüglich übereingestimmt und bewegten sich die Differenzen in den Grenzen bis zu $\pm\ 2\,{}^0/_0$.

Das Grundlagenmaterial unterscheidet sich von jenem, welches bei meiner ersten Publication mitgetheilt wurde, ausser durch die Daten der neuen Aufnahmen, hauptsächlich durch die Angaben hinsichtlich des periodischen Abganges und des laufendjährigen Zuwachses an Kreisfläche und Masse.

Der periodische Abgang für die letzte Periode berücksichtigt nicht nur die Angaben der Lagerbücher, da hier stets Differenzen in den Stammzahlen vorkommen und auch die Einträge hinsichtlich der „mittleren Länge" und des „Massengehaltes" sehr viel zu wünschen übrig lassen, sondern ist nach dem rechnungsmässigen Abgang von Stämmen und den Materialien für die Massenberechnung des Nebenbestandes berichtigt. Der wünschenswerthe Genauigkeitsgrad auf diesem Gebiet wird erst dann erreicht werden, wenn die Wirkung der stammweisen Nummerirung voll zur Geltung kommt.

Besonderer Werth dürfte auf die Angaben hinsichtlich des laufendjährigen Zuwachses zu legen sein, da hier die Einflüsse der verschiedenen in das Bestandesleben eingreifenden Geschicke ausgeschieden sind. Letztere gelangen namentlich in der Entwicklung der Kreisfläche des verbliebenen Hauptbestandes zum Ausdruck; diese ist wegen ihrer sorgfältigen Ermittlung am besten geeignet, zu zeigen, zu welch' unlösbaren Widersprüchen die Nebeneinanderstellung der auf den Hauptbestand allein bezüglichen Aufnahmen führen muss.

Bezüglich der bei der Massenberechnung angewandten Methode verweise ich auf meine Veröffentlichung im Jahrgang 1891 der Zeitschrift für Forst- und Jagdwesen[1]).

Eine Ergänzung bedarf diese nur hinsichtlich der Ermittlung der Formzahlen.

Auf S. 523 wurde l. c. mitgetheilt, dass die Derbholzformzahl bei der Buche für die Hauptbestandsstämme lediglich eine Function des Alters ist und deshalb das arithmetische Mittel der Derbholzformzahlen der einzelnen Stämme auch als Bestandesderbholzformzahl angesehen, sowie gleichmässig zur Berechnung der Massen für die einzelnen Klassen angewendet werden darf.

Bei der Kiefer (ebenso auch bei Weymuthskiefer) liegt dieses Verhältniss wesentlich anders.

Hier haben die zahlreichen graphischen Darstellungen, sowie die Vergleiche der Massen- und Zuwachsberechnungen im Laufe der Arbeit zu dem Ergebniss geführt, dass innerhalb des gleichen Bestandes die Derbholzformzahl der Stämme

---

[1]) Schwappach, Zur Methode der Massenermittlung bei forstlichen Versuchsarbeiten, Zeitschr. f. Forst- u. Jagdwesen 1891, S. 517.

bezw. Stammklassen eine Function des Durchmessers ist. Abgesehen von den jüngsten Altersstufen besitzen die mittelstarken Stämme stets die höchsten Formzahlen, die schwächsten und stärksten Stämme dagegen niederere. Die Bestandesderbholzformzahl ist demnach hier nicht gleich dem arithmetischen Mittel der Probestammformzahlen, sondern weicht hiervon bald mehr, bald weniger ab. Die eingehende Darstellung und Erörterung dieser Verhältnisse muss einer Specialarbeit vorbehalten bleiben.

Wie die spätere Darstellung zeigen wird, ändert sich die Bestandesderbholzformzahl mit dem Alter nur sehr wenig.

Die Veränderungen der Formzahlen eines Bestandes zwischen zwei nur kurze Zeit, etwa 6—10 Jahre, von einander entfernten Aufnahmen folgen in den mittleren und höheren Lebensaltern den Verschiebungen der Probestamm-Durchmesser, weshalb die Formzahlen sämmtlicher Probestämme aus den beiden Aufnahmen zur Ableitung einer gemeinschaftlichen Formzahlkurve vereinigt werden dürfen, aus welcher die Formzahlen der einzelnen Klassen als Functionen der Durchmesser entnommen werden können.

In den jüngsten Lebensaltern, etwa bis zum 50. Jahre, sind die Veränderungen beträchtlicher und muss deshalb hier für jede Aufnahme eine besondere Formzahlcurve construirt werden.

Dieses Gesetz ist erst im Lauf der Arbeit mit voller Schärfe hervorgetreten, da die Versuche aus Stammanalysen abgeleitete Formzahlen zum Studium dieser Veränderungen zu benutzen, kein befriedigendes Resultat ergeben hatten, indem diese hin und her schwankten, also lediglich zeigten, dass die Aenderungen der Formzahlen des gleichen Stammes mit dem Alter nur sehr geringfügig sind.

Der neuen Bearbeitung liegen die Ergebnisse von 146 Probeflächen zu Grunde, welche in Tabelle I mitgetheilt sind. Diese vertheilen sich nach Ertragsklassen und Wiederholungen der Aufnahmen in folgender Weise:

Für Standortsklasse:	I	II	III	IV	V
Probeflächen mit dreimaliger Aufnahme	7	15	11	4	—
„ „ zweimaliger „	15	30	17	23	12
„ „ einmaliger „	3	7	1	—	1
Im Ganzen	25	52	29	27	13

Ueber-

über die den Ertragstafeln zu Grunde

Lfd. No.	Oberförsterei Regierungsbezirk	Jagen	Be- grün- dungs- art	Alter	Des Hauptbestandes					
					Stamm- zahl	Kreis- fläche	Durch- messer	Höhe	Derb- holz	Reis- holz	Ge- sammt- masse
				Jahre		qm	cm	m	fm	fm	fm

I. Ertrags-

Lfd. No.	Oberförsterei Regierungsbezirk	Jagen	Be- gründungs- art	Alter	Stamm- zahl	Kreis- fläche	Durch- messer	Höhe	Derb- holz	Reis- holz	Ge- sammt- masse
1	**Klooschen** Königsberg	1	S	20	4665	22,56	7,9	8,1	63,8	77,2	141,0
				26	3620	27,90	9,9	10,4	118,0	61,7	179,7
2	**Jura** Gumbinnen	145	S	23	3820	25,47	9,2	10,2	98,1	74,4	172,5
				29	2255	25,26	11,9	13,3	149.1	51,3	200,4
3	**Eberswalde** Potsdam	26	S	29	3756	31,51	10,3	10,9	154,7	75,3	230,0
				35	2544	30,46	12,3	12,7	183,9	—	—
4	**Cladow** Frankfurt	16	S	32*	2610	32,79	12,6	13,8	176,2	74,0	250,2
				46	1380	35,79	18,2	18,5	315,7	47,7	363,4
				53	1116	34,20	19,7	20,5	340,0	43,5	383,5
5	**Massin** Frankfurt	113	S	38*	2684	35,44	13,0	14,2	234,3	76,2	310,5
				47	1487	38,02	18,1	18,1	309,1	55,6	364,7
				54	1127	36,86	20,4	20,3	342,0	52,0	394,0
6	**Kehrberg** Stettin	103	S	55	1276	38,47	19,6	20,1	345,9	40,8	386,7
7	**Massin** Frankfurt	140	S	48	1251	37,35	19,5	19,0	323,8	51.5	375,3
				55	938	36,39	22,2	21,1	356,3	48,1	404,4
8	**Panten** Liegnitz	102 Ufl. II**		49	1808	41,71	17,1	17,8	343,2	65,2	408,4
				56	1492	41,41	18,8	20,0	387,3	61,6	448,9
9	**Cladow** Frankfurt	87	S	51	1248	36,82	19,4	19,1	330,7	45,6	376,3
				58	1156	35,20	20,6	20,9	350,3	42,0	392,3
10	**Namslau** Breslau	131 Ufl. II		53	1380	40,81	19,0	20,2	383,1	57,8	440,9
				59	1236	42,52	20,9	21,8	435,3	57,9	493,2
11	**Schöneiche** Breslau	8	S	42*	1776	36,93	16 3	16,4	281,3	58,9	340,2
				52	1260	40,88	20,3	19,2	359,8	53,3	413,1
				60	1040	42,22	22,7	21,4	419,4	53,3	472,7
12	**Neuenkrug** Stettin	53	S	60	916	35,00	22,1	21,0	358,2	42,6	400,8
13	**Falkenberg** Merseburg	126	N	46*	1207	37,74	20,0	17,7	302,5	55,2	357,7
				56	994	41,50	23,1	20,1	359,5	67,2	426,7
				63	816	41,41	25,4	21,5	407,7	51,0	458,7
14	**Cosel** Oppeln	41 Ufl. II		57	1237	39,53	20,2	21,3	385,5	55,9	441,4
				63	1068	39,79	21,8	22,7	418,0	54,8	472,8
15	**Cladow** Frankfurt	53	S	58	884	38,82	23,6	21,8	399,5	45,5	445,0
				65	768	37,63	25,0	23,3	414,5	42,8	457,3
16	**Cosel** Oppeln	34 Ufl. II		59	1124	42,07	21,8	23,1	451,1	45,6	496,7
				65	989	41,55	23,1	24,3	472,3	45,8	518,1
17	**Cosel** Oppeln	34 Ufl. III		65	953	41,80	23,6	24,4	476,7	46,2	522,9

* Die mit * bezeichneten Aufnahmen sind nach anderer Methode gemacht als die übrigen und daher
** Ufl. II bezw. III bezeichnet, dass die betr. Fläche eine „mässig" durchforstete, also mit den Ertrags-

sicht Tabelle I.

liegenden Massenermittlungen.

Derbholz-formzahl	Baum-formzahl	Dauer der Periode	Periodischer Ertrag der Zwischennutzungen					Periodischer Gesammtzuwachs				Periodischer Durchschnitts-zuwachs	
								Kreisfläche		Derbholz			
			Stamm-zahl	Kreis-fläche	Höhe	Derb-holz	Derb-holz-form-zahl	am Haupt-be-stand	am perio-dischen Ab-gang	am Haupt-be-stand	am perio-dischen Ab-gang	Kreis-fläche	Derb-holz
				qm	m	fm		qm	qm	fm	fm	qm	fm
klasse.													
347 407	771 620	6	1045	3,43	8,3	5,6	197	8,25	0,52	57,4	2,3	1,46	9,97
378 443	664 597	6	1565	7,05	10,3	12,2	168	6,10	0,75	60,4	2,8	1,16	10,56
450 474	671 —	6	1212	7,06	10,2	26,7	369	5,45	0,56	52,0	3,9	1,00	9,31
390	552	—	—	—	—	—	—	—	—	—	—	—	—
476 484	549 547	7	264	4,64	16,8	34,1	438	2,90	0,15	55,2	3,2	0,44	8,35
466	617	—	—	—	—	—	—	—	—	—	—	—	—
449 458	530 526	7	360	5,55	16,8	36,1	387	4,18	0,21	65,8	3,3	0,63	9,87
448	500	—	—	—	—	—	—	—	—	—	—	—	—
457 463	529 527	7	313	5,31	18,0	39,2	410	4,08	0,27	68,2	3,6	0,62	10,26
463 468	550 542	7	316	5,04	17,8	38,9	432	4,36	0,38	77,1	5,9	0,68	11,86
472 476	535 533	7	192	3,83	17,3	29,8	449	2,08	0,13	46,9	2,5	0,32	7,06
465 469	535 533	6	144	2,63	18,9	21,6	436	4,27	0,07	72,6	1,2	0,72	12,94
464	562	—	—	—	—	—	—	—	—	—	—	—	—
459 464	526 524	8	220	4,45	18,6	37,5	445	5,58	0,21	93,4	3,7	0,72	12,14
488	545	—	—	—	—	—	—	—	—	—	—	—	—
453	536	—	—	—	—	—	—	—	—	—	—	—	—
432 459	512 515	7	178	3,70	18,8	28,6	410	3,53	0,08	74,0	2,9	0,52	10,98
458 462	525 524	6	169	3,09	19,6	24,9	413	3,24	0,11	56,0	1,5	0,56	9,58
473 472	526 522	7	116	2,85	20,4	27,2	468	1,53	0,13	39,9	2,3	0,24	6,02
465 467	511 513	6	138	3,04	21,3	28,4	439	2,45	0,07	48,5	1,1	0,42	8,27
467	513	—	—	—	—	—	—	—	—	—	—	—	—

mit letzteren nicht unbedingt vergleichbar.
probeflächen gleichmässig behandelte Unterfläche einer Durchforstungsversuchsreihe ist.

Lfd. No.	Oberförsterei / Regierungsbezirk	Jagen	Begründungsart	Alter	Des Hauptbestandes						
					Stammzahl	Kreisfläche	Durchmesser	Höhe	Derbholz	Reisholz	Gesammtmasse
				Jahre		qm	cm	m	fm	fm	fm
									I. Ertragsklasse		
18	**Braschen** Frankfurt	122	S	52*	1324	38,47	19,2	20,5	347,6	46,6	394,2
				62	1012	42,83	23,2	22,8	446,9	57,2	504,1
				69	780	38,26	25,0	24 2	421,2	49,3	470,5
19	**Cunersdorf** Potsdam	232	N	63	753	38,14	25,4	22,1	376,6	60,3	436,9
				70	616	36,79	27,6	23,6	391,0	55,9	446,9
20	**Cosel** Oppeln	33		65	912	39,88	23,6	22,2	414,7	48,5	463,2
				71	813	39,12	24,7	23,2	426,1	46,4	472,5
21	**Tornau** Merseburg	45	N	66‘	551	40,50	30,6	23,5	383,4	59,7	443,1
				77	492	44,31	33,9	26,3	489,5	53,8	543,3
				84	438	44,59	36,0	27,1	510,1	52,5	562,6
22	**Schöneiche** Breslau	6	N	80	672	41,06	27,9	24,5	460,9	59,0	519,9
				88	560	39,87	30,1	26,2	480,3	58,1	538,4
23	**Doberschütz** Merseburg	85	N	80*	455	42,51	34,5	25,4	520,0	47,4	567,4
				95	411	45,28	37,4	25,8	533,9	75,8	609,7
				102	386	45,38	38,7	26,7	554,9	74,9	629,8
24	**Grünfelde** Marienwerder	111	N	134	340	48,41	42,6	32,6	710,4	49,0	759,4
				140	328	48,78	43,5	33,2	730,3	—	—
25	**Schöneiche** Breslau	11	N	135	356	56,36	42,6	32 0	823,7	64,2	887,9
				143	372	56,00	43,8	32,5	838,3	63,7	902,0
									II. Ertrags-		
26	**Kielau** Danzig	133	Pfl.	27	3896	28,25	9,6	10,5	126,6	84,4	211,0
				32	3216	31,26	11,1	12,3	179,0	80,6	259,6
27	**Kielau** Danzig	278	S	30	3096	29,07	10,9	10,1	144,0	81,6	225,6
				35	2540	32,46	12,8	12,3	199,0	—	—
28	**Falkenberg** Merseburg	107 Ufl II		31	4563	40,41	10,6	11,2	206,0	—	—
				38	2948	38,43	12,9	13,2	252,3	65,9	318,2
29	**Jura** Gumbinnen	199	S	34	1925	26,06	13,1	13,1	161,7	49,6	211,3
				40	1471	26,60	15,2	15,0	203,7	52,4	256,1
30	**Wirthy** Danzig	211	N	37	2585	34,10	12,9	13,9	213.1	66,5	279,6
				42	2216	36,99	14,6	15,7	266,1	62,5	328,6
31	**Glinke** Bromberg	122	S	27*	3789	28,02	9,7	9,6	111,7	83,5	195,2
				38	1998	33,54	14,6	14,2	212,8	58.5	271,3
				44	1657	33,83	16,1	16,0	252.1	58,7	310,8
32	**Wirthy** Danzig	212	S	42	2916	31,20	11,6	13,7	197,2	58.8	256,0
				47	2012	32,71	14,4	15,6	237,7	53,0	290,7
33	**Falkenberg** Merseburg	172	S	42	2132	35,21	14,5	15,3	216 4	90,0	306,4
				49	1504	33,27	16,7	17,6	285,4	49,4	334,8
34	**Born** Stralsund	70		49	1186	33,84	19,1	16,6	275,9	47,5	323,4

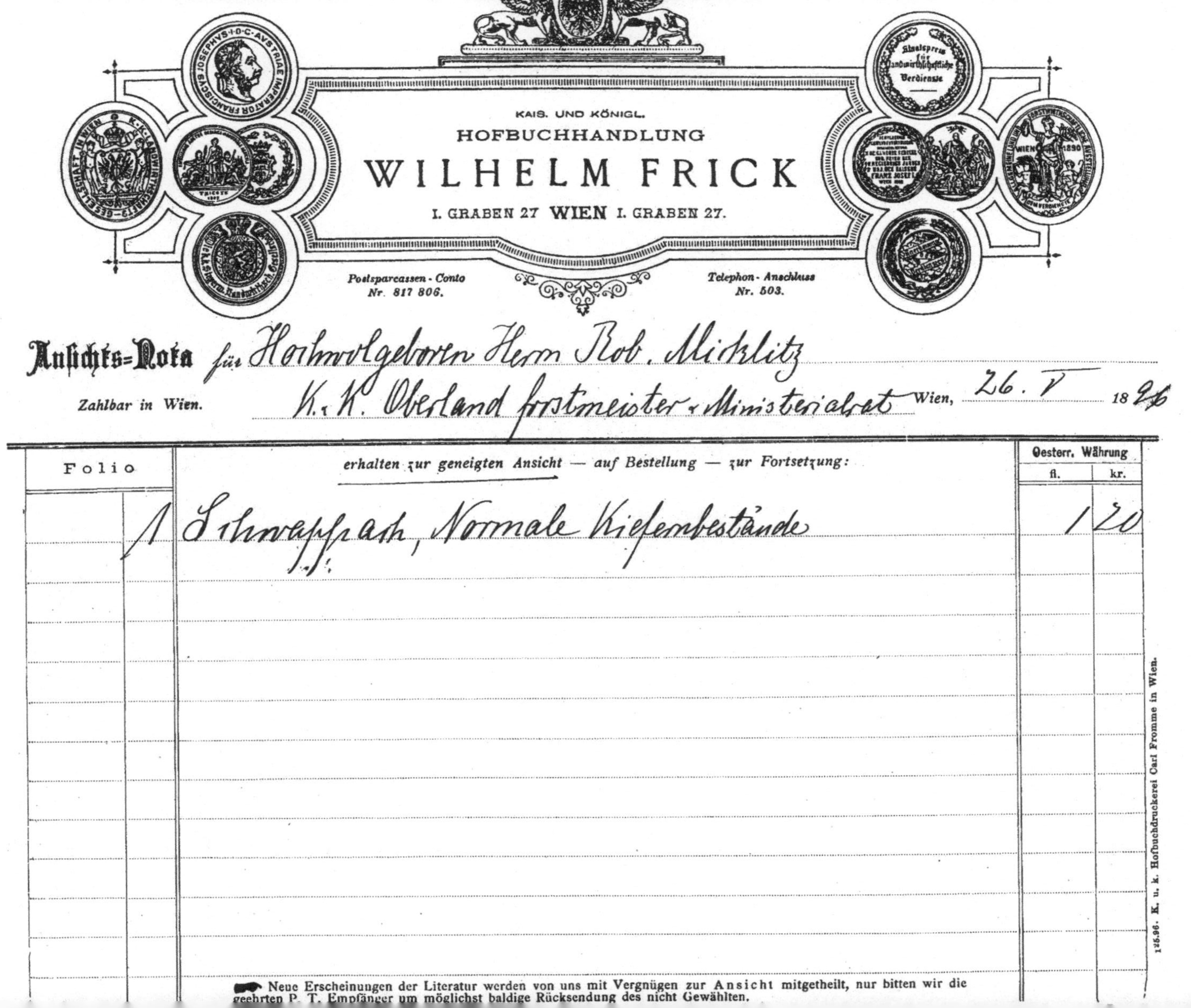

Ansichts-Nota für Hochwolgeboren Herrn Rob. Micklitz

Zahlbar in Wien.   K. K. Oberland forstmeister · Ministerialrat   Wien, 26. V 18 96

Folio	erhalten zur geneigten Ansicht — auf Bestellung — zur Fortsetzung:	Oesterr. Währung	
		fl.	kr.
	1 Schwappach, Normale Kiefernbestände		120

125.96. K. u. k. Hofbuchdruckerei Carl Fromme in Wien.

Derbholzformzahl	Baumformzahl	Dauer der Periode	Periodischer Ertrag der Zwischennutzungen				Derbholzformzahl	Periodischer Gesammtzuwachs				Periodischer Durchschnittszuwachs	
			Stammzahl	Kreisfläche	Höhe	Derbholz		Kreisfläche		Derbholz		Kreisfläche	Derbholz
								am Hauptbestand	am periodischen Abgang	am Hauptbestand	am periodischen Abgang		
				qm	m	fm		qm	qm	fm	fm	qm	fm

(Fortsetzung).

Derbholzformzahl	Baumformzahl	Dauer	Stammzahl	Kreisfläche qm	Höhe m	Derbholz fm	Derbholzformzahl	am Hauptbestand qm	am period. Abgang qm	am Hauptbestand fm	am period. Abgang fm	Kreisfläche qm	Derbholz fm
441	500	—	—	—	—	—	—	—	—	—	—	—	—
457 455	517 508	7	232	5,93	21,4	58,3	460	1,29	0,07	30,7	1,9	0,19	4,66
447 449	519 515	7	137	4 23	20,9	38,2	431	2,81	0,07	50,7	2,0	0,41	7,52
468 469	523 521	6	99	2,76	21,2	26,0	444	1,93	0,07	36,2	1,2	0,33	6,23
403	466	—	—	—	—	—	—	—	—	—	—	—	—
422 422	468 465	7	54	2,72	24,6	27,2	406	2,91	0,09	46,3	1,6	0,43	6,84
458 460	515 513	8	112	4,51	23,8	45,7	427	3,19	0,12	62,0	3,1	0,41	8,13
464	525	—	—	—	—	—	—	—	—	—	—	—	—
456 457	521 520	7	25	1,50	22,7	14,5	427	1.57	0.03	34,4	0,6	0,23	5,00
450 451	481 —	6	12	1,33	28,7	16,8	440	1,68	0,02	36,4	0,3	0,28	6,12
458 460	493 496	8	24	2,58	31,4	35,5	440	2,17	0,05	49,2	0,9	0,28	6,27

klasse.

Derbholzformzahl	Baumformzahl	Dauer	Stammzahl	Kreisfläche qm	Höhe m	Derbholz fm	Derbholzformzahl	am Hauptbestand qm	am period. Abgang qm	am Hauptbestand fm	am period. Abgang fm	Kreisfläche qm	Derbholz fm
427 477	713 674	5	680	2,72	8,4	4,6	200	5,58	0,14	56,6	0,4	1,14	11,39
488 498	767 —	5	556	3,03	8,3	6,9	298	6,28	0,14	60,5	1,3	1,28	12,36
453 498	— 628	7	1588	8,09	10,7	21,8	251	5,52	0,59	63,9	4,1	0,89	9,71
475 410	618 642	6	454	3,15	11,9	11,4	300	3,56	0,13	52,1	1,3	0,62	8,90
451 457	590 566	5	368	1,95	11,6	5,4	238	4,63	0,21	57,1	1,3	0,97	11,68
415	726	—	—	—	—	—	—	—	—	—	—	—	—
448 465	570 575	6	341	3,81	12,9	20,1	408	3,79	0,31	56,6	2,8	0,68	9,90
460 467	600 570	5	904	3,12	10,7	12,2	364	4,55	0,08	51,4	1,3	0,93	10,53
402 488	569 571	7	628	6,82	14,7	42,0	420	4,70	0,18	94,7	13,3	0,70	15,43
491	577	—	—	—	—	—	—	—	—	—	—	—	—

Lfd. No	Oberförsterei / Regierungsbezirk	Jagen	Begründungsart	Alter		Des Hauptbestandes					
					Stammzahl	Kreisfläche	Durchmesser	Höhe	Derbholz	Reisholz	Gesammtmasse
				Jahre		qm	cm	m	fm	fm	fm

II. Ertragsklasse

Lfd. No	Oberförsterei / Regierungsbezirk	Jagen	Begr.-art	Alter	Stammzahl	Kreisfläche	Durchmesser	Höhe	Derbholz	Reisholz	Gesammtmasse
35	Cladow / Frankfurt	47	S	45	1692	35,53	16,4	16,1	268,0	50,1	318,1
				52	1394	34,55	17,8	17,8	295,4	47,9	343,3
36	Falkenberg / Merseburg	182	S	45	1767	36,50	16,2	16,9	263,0	80,0	343,0
				52	1245	33,54	18,5	18,6	296,3	43,3	339,6
37	Falkenberg / Merseburg	103	S	38*	2377	32,66	13,2	12,5	187,1	68,7	255,8
				49	1738	38,42	16,8	15,7	255,0	84,7	339,7
				56	1235	36,17	19,3	17,2	290,9	50,0	340,9
38	Braschen / Liegnitz	63	S	38*	2908	34,41	12,3	14,2	209,2	74,1	283,3
				49	1900	37,87	15,9	17,1	309,1	56,9	366,0
				56	1428	35,27	17,7	18,7	323,0	51,4	374,4
39	Massin / Frankfurt	262	N	50	1364	31,07	17,0	17,8	252,3	44,9	297,2
				57	947	32,11	20,8	20,0	297,7	42,0	339,7
40	Kehrberg / Stettin	81	N	61	1068	37,36	21,1	19,9	354,3	50,7	405,0
41	Falkenberg / Merseburg	148	N	46*	1551	38,37	17,0	15,8	276,5	70,3	346,8
				57	1204	42,83	21,3	19,1	366,9	78,1	445,0
				64	929	40,79	23,6	21,0	386,0	47,9	433,9
42	Glinke / Bromberg	183	S	58	1332	38,85	19,3	18,1	314,1	61,6	375,7
				64	1120	39,18	21,1	19,3	349,8	60,2	410,0
43	Tschiefer / Liegnitz	77	S	50*	1744	37,86	16,6	17,0	281,4	42,7	324,1
				58	1180	35,85	19,7	18,9	309,0	50,4	359,4
				65	920	34,53	21,9	20,6	328,4	46,3	374,7
44	Falkenberg / Merseburg	154	S	50*	1587	36,48	17,1	17,3	283,9	59,5	343,4
				61	1185	39,49	20,6	19,6	368,8	64,5	433,3
				68	884	36,19	22 8	21,0	368,9	52,8	421,7
45	Falkenberg / Merseburg	152	N	53*	1267	35,94	19,0	17,0	283,2	60,0	343,2
				64	1000	37,90	22,0	19,4	346,1	69,6	415,7
				71	820	36,57	23,8	20,9	358,4	46,2	404,6
46	Cosel / Oppeln	20	S	65	1045	37,34	21,3	21,0	368,3	47,9	416,2
				71	894	36,36	22,8	22,0	376,3	45,5	421,8
47	Winsen / Lüneburg	79 b	S	60*	898	34,51	22,0	17,3	283,0	55,4	338,4
				68	775	40,22	25,7	19,1	379,7	60,4	440,1
				75	654	36,30	26,6	20,3	363,9	—	—
48	Rüdersdorf / Potsdam	20	S	76	822	34,61	23,1	20,7	342,0	—	—
49	Falkenberg / Merseburg	159	N	59*	952	38,81	22,8	19,6	373,9	52,8	426,7
				70	798	37,46	24,4	22,0	406,7	67,9	474,6
				77	690	37,03	26,2	23,1	426,4	56,7	483,1
50	Panten / Liegnitz	84	N	70	944	39,82	23,2	22,4	401,3	47,4	448,7
				77	844	40,44	24,7	24,0	436,9	45,9	482,8

Table spanning groups: **Periodischer Ertrag der Zwischennutzungen** (Stammzahl, Kreisfläche qm, Höhe m, Derbholz fm, Derbholzformzahl); **Periodischer Gesammtzuwachs** — Kreisfläche (am Hauptbestand qm, am periodischen Abgang qm), Derbholz (am Hauptbestand fm, am periodischen Abgang fm); **Periodischer Durchschnittszuwachs** (Kreisfläche qm, Derbholz fm).

Derb-holz-form-zahl	Baum-form-zahl	Dauer der Periode	Stamm-zahl	Kreis-fläche	Höhe	Derb-holz	Derb-holz-form-zahl	Kreisfläche am Haupt-be-stand	Kreisfläche am perio-dischen Ab-gang	Derbholz am Haupt-be-stand	Derbholz am perio-dischen Ab-gang	Kreis-fläche	Derb-holz
				qm	m	fm		qm	qm	fm	fm	qm	fm
471 479	556 559	7	298	4,37	16,1	29,8	423	3,22	0,17	53,7	3,4	0,48	8,16
427 476	556 545	7	522	6,05	15,0	39,2	432	2,89	0,20	78,2	4,3	0,44	11,79
457	625	—	—	—	—	—	—	—	—	—	—	—	—
424 479	563 547	7	503	5,74	14,5	35,0	418	3,19	0,30	66,1	4,7	0,50	10,11
428	581	—	—	—	—	—	—	—	—	—	—	—	—
477 490	565 567	7	472	5,96	16,5	41,3	421	3,10	0,26	52,0	3,3	0,48	7,89
456 464	537 529	7	417	3,06	15,3	17,7	378	4,00	0,10	61,5	1,6	0,59	9,02
476	544	—	—	—	—	—	—	—	—	—	—	—	—
455	571	—	—	—	—	—	—	—	—	—	—	—	—
448 451	545 506	7	275	5,08	16,1	33,8	413	2,84	0,20	49,3	3,7	0,43	7,56
447 463	535 542	6	212	3,92	17,3	29,2	430	4,14	0,11	63,0	1,9	0,71	10,82
436	503	—	—	—	—	—	—	—	—	—	—	—	—
457 462	531 527	7	260	4,31	17,5	30,8	408	2,87	0,12	48,3	1,9	0,43	7,17
450	544	—	—	—	—	—	—	—	—	—	—	—	—
476 485	560 555	7	301	5,80	17,5	42,0	416	2,33	0,17	39,4	2,8	0,36	6,03
464	563	—	—	—	—	—	—	—	—	—	—	—	—
474 472	566 529	7	180	4,41	17,2	33,9	447	2,97	0,11	43,2	2,9	0,44	6,60
471 471	532 527	6	151	2,97	19,1	24,5	434	1,82	0,17	30,6	1,9	0,33	5,43
474	567	—	—	—	—	—	—	—	—	—	—	—	—
494 493	573 —	7	121	5,78	19,5	53,7	478	1,59	0,27	33,3	4,6	0,27	5,42
477	—	—	—	—	—	—	—	—	—	—	—	—	—
492	561	—	—	—	—	—	—	—	—	—	—	—	—
494 496	575 565	7	108	2,78	18,7	25,2	486	2,28	0,07	44,5	1,4	0,34	6,59
449 450	503 498	7	100	2,29	19,5	18,8	422	2,85	0,06	53,4	1,0	0,42	7,77

(Fortsetzung).

Lfd. No.	Oberförsterei / Regierungsbezirk	Jagen	Be-gründungs-art	Alter	Des Hauptbestandes						
					Stamm-zahl	Kreis-fläche	Durch-messer	Höhe	Derb-holz	Reis-holz	Ge-sammt-masse
				Jahre		qm	cm	m	fm	fm	fm

II. Ertragsklasse

Lfd. No.	Oberförsterei / Regierungsbezirk	Jagen	Be-gründungs-art	Alter	Stamm-zahl	Kreis-fläche	Durch-messer	Höhe	Derb-holz	Reis-holz	Ge-sammt-masse
51	**Kehrberg** Stettin	79	N	80	784	42,44	26,3	23,6	472,1	52,9	525,0
52	**Nienburg** Hannover	114		75	624	35,93	27,1	23,2	400,4	37,6	438,0
				81	604	37,45	28,1	24,0	443,8	39,5	483,3
53	**Massin** Frankfurt	160	N	63*	1022	37,87	21,4	19,5	323,5	59,6	383,1
				74	688	37,41	26,3	22,7	380,4	55,5	435,9
				81	630	37,72	27,6	23,9	406,3	51,6	457,9
54	**Cunersdorf** Potsdam	234	N	71*	826	39,84	24,8	21,5	385,5	51,2	436,7
				81	588	39,59	29,3	22,5	411,3	62,5	473,8
				88	567	40,87	30,3	23,4	437,2	56,8	494,0
55	**Peetzig** Stettin	183	N	82	626	37,36	27,6	23,7	432,2	50,1	482,3
				89	546	35,85	28,9	25,0	438,2	46,4	484,6
56	**Cladow** Frankfurt	27	S	83	621	33,12	26,0	22,4	355,5	42,7	398,2
				90	584	32,94	26,8	23,3	366,9	41,5	408,4
57	**Tornau** Merseburg	13		84	606	42,88	30,0	22,2	419,6	63,4	483,0
				91	539	42,32	31,6	23,0	429,1	52,8	481,9
58	**Neuenkrug** Stettin	95	N	91	582	38,59	29,0	23,8	433,5	50,3	483,8
59	**Potsdam** Potsdam	149	N	77*	666	38,68	27,2	22,1	383,8	52,4	436,2
				87	535	39,64	30,7	23,9	430,4	57,2	487,6
				94	488	38,85	31,8	25,0	449,7	—	—
60	**Schöneiche** Breslau	17	N	87	605	38,52	28,5	23,7	438,5	55,3	493,8
				95	519	37,96	30,5	25,3	465,4	55,8	521,2
61	**Potsdam** Potsdam	133	S	80*	600	41,72	29,8	24,7	448,5	43,1	491,6
				91	513	43,10	32,7	25,4	483,8	47,4	531,2
				98	457	41,97	34,2	26,6	490,9	46,1	537,0
62	**Klooschen** Königsberg	35	N	86*	604	34,47	27,0	26,2	401,8	26,3	428,1
				97	529	38,53	30,4	26,2	453,9	41,8	495,7
				103	479	35,84	30,9	27,2	461,0	41,0	502,0
63	**Rüdersdorf** Potsdam	53	S	104	454	35,04	31,4	25,5	446,9	—	—
64	**Cladow** Frankfurt	33	N	107	405	39,38	35,2	26,7	483,6	55,1	538,7
				114	385	39,25	36,0	27,5	496,7	55,1	551,8
65	**Schöneiche** Breslau	18		108	468	40,74	33,3	27,1	509,5	47,9	557,4
				116	440	42,09	34,9	27,9	541,1	49,2	590,3
66	**Guszianka** Gumbinnen	191	N	115	368	36,71	35,6	27,9	463,9	42,2	506,1
				120	360	36,64	36,0	28,2	474,4	42,2	516,6
67	**Wirthy** Danzig	199	N	121	374	40,65	37,2	28,7	517,8	51,8	569,6
				126	342	39,61	38,4	29,2	517,6	50,7	568,3
68	**Nikolaiken** Gumbinnen	29	N	124	436	42,47	35,2	29,8	573,1	53,3	626,4
				129	428	42,34	35,5	30,3	584,3	53,2	637,5

Derb-holz-form-zahl	Baum-form-zahl	Dauer der Periode	Periodischer Ertrag der Zwischennutzungen				Derb-holz-form-zahl	Periodischer Gesammtzuwachs				Periodischer Durchschnitts-zuwachs	
			Stamm-zahl	Kreis-fläche	Höhe	Derb-holz		Kreisfläche		Derbholz			
								am Haupt-be-stand	am perio-dischen Ab-gang	am Haupt-be-stand	am perio-dischen Ab-gang	Kreis-fläche	Derb-holz
		Jahre		qm	m	fm		qm	qm	fm	fm	qm	qm
471	525	—	—	—	—	—	—	—	—	—	—	—	—
480 494	526 538	6	20	0,85	23,2	9,2	466	2,36	0,01	52,3	0,3	0,39	8,76
437	518	—	—	—	—	—	—	—	—	—	—	—	—
448 450	513 508	7	58	1,79	20,6	15,2	412	2,07	0,03	40,4	0,7	0,70	5,86
451	510	—	—	—	—	—	—	—	—	—	—	—	—
461 455	532 516	7	21	0,98	22,0	9,9	457	2,23	0,03	35,3	0,6	0,32	5,12
489 488	544 542	7	80	2,92	21,7	29,8	470	1,38	0,03	34,9	0,9	0,20	5,12
479 479	537 532	7	37	1,06	19,3	9,6	470	0,85	0,03	20,6	0,4	0,13	3,00
440 440	507 495	7	67	2,95	21,1	27,1	434	2,31	0,08	35,5	1,1	0,34	5,22
472	526	—	—	—	—	—	—	—	—	—	—	—	—
449	510	—	—	—	—	—	—	—	—	—	—	—	—
455 462	515 —	7	47	1,73	21,7	15,3	407	0,93	0,01	34,0	0,6	0,13	4,95
480 485	541 542	8	86	2,93	21,7	27,3	429	2,29	0,08	52,8	1,4	0,30	6,77
436	477	—	—	—	—	—	—	—	—	—	—	—	—
443 440	487 480	7	56	2,61	24,3	27,9	440	1,44	0,04	33,9	1,1	0,21	5,00
444	474	—	—	—	—	—	—	—	—	—	—	—	—
450 473	491 515	6	50	3,95	23,4	21,9	472	0,99	0,27	27,2	1,7	0,21	4,82
501	—	—	—	—	—	—	—	—	—	—	—	—	—
460 460	513 511	7	20	1,46	25,0	16,1	440	1,30	0,03	28,7	0,5	0,19	4,19
461 460	507 505	8	28	1,60	25,1	17,6	438	2,90	0,05	48,5	0,7	0,37	6,15
456 459	496 502	5	8	0,78	24,5	7,8	455	0,70	0,01	18,1	0,2	0,14	3,66
444 447	487 490	5	32	1,64	25,6	18,1	430	0,59	0,02	17,6	0,3	0,12	3,57
453 455	493 498	5	8	0,62	29,0	8,4	465	0,48	0,01	19,5	0,2	0,10	3,94

(Fortsetzung).

Lfd. No.	Oberförsterei Regierungsbezirk	Jagen	Begründungsart	Alter	Des Hauptbestandes						
					Stammzahl	Kreisfläche	Durchmesser	Höhe	Derbholz	Reisholz	Gesammtmasse
				Jahre		qm	cm	m	fm	fm	fm

II. Ertragsklasse

Lfd. No.	Oberförsterei Regierungsbezirk	Jagen	Begründungsart	Alter	Stammzahl	Kreisfläche	Durchmesser	Höhe	Derbholz	Reisholz	Gesammtmasse
69	**Woziwoda** Marienwerder	14	S	124 / 130	666 / 596	39,63 / 38,32	27,5 / 28,6	24,8 / 26,0	460,5 / 471,5	48,8 / 48,6	509,3 / 520,1
70	**Grünfelde** Marienwerder	154	N	128 / 134	452 / 416	51,10 / 49,80	38,0 / 39,0	28,8 / 29,4	649,4 / 651,6	52,0 / —	701,4 / —
71	**Johannisburg** Gumbinnen	58	N	133 / 138	356 / 352	36,56 / 36,59	36,1 / 36,4	29,9 / 30,1	517,5 / 523,9	43,0 / 43,0	560,5 / 566,9
72	**Massin** Frankfurt	237	N	135 / 142	333 / 315	40,96 / 40,58	39,6 / 40,5	29,2 / 29,7	543,8 / 548,3	38,6 / 38,4	582,4 / 586,7
73	**Cladow** Frankfurt	10	N	138 / 145	275 / 271	34,27 / 34,38	39,9 / 40,2	27,9 / 28,4	438,0 / 447,5	40,3 / 40,7	478,3 / 488,2
74	**Neuenkrug** Stettin	193	N	145	290	41,80	42 8	29,9	570,3	50,8	621,1
75	**Tornau** Merseburg	44	N	128* / 139 / 146	329 / 311 / 294	46,87 / 46,39 / 45,30	42,6 / 43,6 / 44,3	29,0 / 29,8 / 30,2	600,2 / 623,8 / 619,7	60,1 / 48,0 / 47,1	660,3 / 671,8 / 666,8
76	**Massin** Frankfurt	266	N	148 / 155	313 / 304	45,02 / 45,47	42,8 / 43,6	30,5 / 31,0	622,1 / 638,5	47,9 / 48,5	670,0 / 687,0
77	**Johannisburg** Gumbinnen	53	N	167 / 172	304 / 300	38,52 / 38,73	40,2 / 40,5	30,5 / 30,7	587,2 / 595,8	47,0 / 47,1	634,2 / 642,9

III. Ertrags-

Lfd. No.	Oberförsterei Regierungsbezirk	Jagen	Begründungsart	Alter	Stammzahl	Kreisfläche	Durchmesser	Höhe	Derbholz	Reisholz	Gesammtmasse
78	**Norkaiten** Gumbinnen	73	N	30 / 37	5444 / 3844	24,56 / 26,93	7,6 / 9,4	9,1 / 11,4	87,0 / 136,1	104,4 / 52,0	191,4 / 188,0
79	**Klooschen** Gumbinnen	4	N	33 / 39	3608 / 2428	28,01 / 28,08	9,9 / 12,2	11,3 / 13,5	139,0 / 180,9	69,8 / 54,3	208,8 / 235,2
80	**Falkenberg** Merseburg	142 Ufl. II	N	36 / 43	3423 / 2260	34,75 / 32,56	11,2 / 13,5	11,9 / 13,4	170,6 / 201,9	— / 53,3	— / 255,2
81	**Cunersdorf** Potsdam	86	S	27* / 38 / 45	5014 / 2658 / 1876	27,92 / 31,01 / 28,23	8,4 / 12,2 / 13,8	8,2 / 11,5 / 12,7	81,0 / 155,5 / 169,0	87,2 / 64,2 / 43,4	168,2 / 219,7 / 212,4
82	**Schönlanke** Bromberg	54	S	30* / 40 / 47	5920 / 2612 / 1920	26,05 / 28,85 / 27,97	7,6 / 11,9 / 13,6	10,2 / 12,3 / 14,4	91,0 / 170,9 / 201,2	103,5 / 61,0 / —	194,5 / 231,9 / —
83	**Wirthy** Danzig	240	S	43 / 48	2684 / 2108	25,81 / 27,33	11,1 / 12,9	12,5 / 14,2	150,3 / 181,0	37,9 / 41,4	188,2 / 222,4
84	**Glinke** Bromberg	144	S	35* / 46 / 52	8096 / 3328 / 2420	30.19 / 30,53 / 30,39	6,9 / 10,8 / 12,6	9.3 / 12,6 / 14,3	95,1 / 154,0 / 194,0	88,6 / 62,8 / 46,8	183,7 / 216,8 / 240,8
85	**Dobrilugk** Frankfurt	48	S	45 / 52	3808 / 2536	34,11 / 31,95	10,7 / 12,6	11,6 / 13,8	165,5 / 191,2	86,7 / 50,1	252,2 / 241,3

Derbholzformzahl	Baumformzahl	Dauer der Periode	Periodischer Ertrag der Zwischennutzungen				Derbholzformzahl	Periodischer Gesammtzuwachs				Periodischer Durchschnittszuwachs	
								Kreisfläche		Derbholz			
			Stammzahl	Kreisfläche	Höhe	Derbholz		am Hauptbestand	am periodischen Abgang	am Hauptbestand	am periodischen Abgang	Kreisfläche	Derbholz
		Jahre		qm	m	fm		qm	qm	fm	fm	qm	fm

(Fortsetzung).

Derbholzformzahl	Baumformzahl	Dauer der Periode	Stammzahl	Kreisfläche (qm)	Höhe (m)	Derbholz (fm)	Derbholzformzahl	Kreisfläche am Hauptbestand (qm)	Kreisfläche am periodischen Abgang (qm)	Derbholz am Hauptbestand (fm)	Derbholz am periodischen Abgang (fm)	Kreisfläche (qm)	Derbholz (fm)
469 / 474	519 / 522	6	70	2,63	21,2	23,9	429	1,28	0,04	33,6	1,3	0,22	5,82
441 / 445	477 / —	6	36	2,98	26,8	33,3	417	1,62	0,06	34,6	0,9	0,28	5,90
473 / 476	514 / 515	5	4	0,61	31,3	9,0	470	0,63	0,01	15,2	0,2	0,13	3,11
454 / 455	485 / 485	7	18	1,16	26,7	13,6	441	0,76	0,02	17,9	0,2	0,11	2,59
458 / 459	500 / 500	7	4	0,38	24,6	4,3	458	0,49	0,01	13,7	0,1	0,07	1,98
456	497	—	—	—	—	—	—	—	—	—	—	—	—
441	485	—	—	—	—	—	—	—	—	—	—	—	—
451 / 451	487 / 487	7	17	1,51	26,1	17,6	446	0,41	0,01	13,2	0,3	0,06	1,93
454 / 452	489 / 487	7	9	0,59	28,0	7,2	431	1,03	0,01	23,4	0,1	0,15	3,36
499 / 501	542 / 540	5	4	0,37	30,1	5,4	480	0,58	—	14,0	—	0,12	2,80

klasse.

Derbholzformzahl	Baumformzahl	Dauer der Periode	Stammzahl	Kreisfläche (qm)	Höhe (m)	Derbholz (fm)	Derbholzformzahl	Kreisfläche am Hauptbestand (qm)	Kreisfläche am periodischen Abgang (qm)	Derbholz am Hauptbestand (fm)	Derbholz am periodischen Abgang (fm)	Kreisfläche (qm)	Derbholz (fm)
389 / 445	855 / 613	7	1600	3,45	8,0	—	—	5,42	0,29	49,1	—	0,87	7,02
459 / 473	661 / 621	6	1180	5,09	10,1	12,2	239	4,78	0,38	52,3	1,9	0,86	9,03
414 / 461	584 / —	7	1163	6,89	11,0	17,3	230	4,37	0,39	44,8	3,8	0,67	6,93
354	735	—	—	—	—	—	—	—	—	—	—	—	—
434 / 471	617 / 593	7	782	5,92	11,1	22,2	338	2,91	0,23	33,6	2,0	0,45	5,09
333	734	—	—	—	—	—	—	—	—	—	—	—	—
482 / 499	655 / —	7	692	5,10	11,5	24,8	422	3,92	0,30	51,9	3,2	0,60	7,87
467 / 467	585 / 573	5	576	1,68	11,2	8,5	226	3,11	0,09	37,9	1,2	0,64	7,82
339	654	—	—	—	—	—	—	—	—	—	—	—	—
400 / 445	565 / 554	6	908	5,16	11,8	13,2	216	4,61	0,41	50,7	2,5	0,84	8,86
417 / 449	637 / 569	7	1272	5,71	9,6	12,6	230	3,35	0,20	36,5	1,8	0,51	5,47

Lfd. No.	Oberförsterei / Regierungsbezirk	Jagen	Begründungs-art	Alter	Stammzahl	Kreisfläche	Durch.messer	Höhe	Derbholz	Reisholz	Gesammtmasse
				Jahre		qm	cm	m	fm	fm	fm
											III. Ertragsklasse
86	**Doberschütz** Frankfurt	61 d	N	53	2325	32,94	13,4	13,3	197,2	58,8	256,0
				60	1854	32,25	14,9	14,4	219,8	41,5	261,3
87	**Cosel** Oppeln	25 Ufl. II	S	54	1547	31,95	16,2	15,4	226,4	51,2	277,6
				60	1387	32,90	17,4	16,6	251,5	44,8	296,3
88	**Neubruchhausen**** Hannover	101	S	62	1140	36,43	20,2	16,9	293,4	63,4	356,8
				69	836	31,96	22,1	18,6	289,1	—	—
89	**Eggesin** Stettin	121	S	63	1071	27,99	18,2	15,6	203,2	34,7	237,9
				69	921	26,28	19,1	16,3	201,1	31,8	232,9
90	**Neuenkrug** Stettin	183	S	53	1466	30,70	16,3	16,9	239,5	45,9	285,4
				65	1090	32,19	19,4	18,5	286,0	40,3	326,3
				71	954	31,23	20,4	19,4	291,1	37,8	328,9
91	**Rüdersdorf** Potsdam	28	S	73	958	28,77	19,6	16,6	240,4	—	—
92	**Doberschütz** Merseburg	61 b	N	55*	1131	31,22	18,7	15,3	206,8	46,7	253,5
				67	997	35,88	21,4	16,7	269,3	39,3	308,6
				74	881	35,63	22,7	17,7	285,1	39,3	324,4
93	**Massin** Frankfurt	172	N	56*	1417	33,32	17,3	16,4	233,6	48,3	281,9
				68	1026	32,41	20,1	18,8	291,1	35,8	326,9
				75	877	31,19	21,3	19,9	295,7	33,7	329,4
94	**Massin** Frankfurt	260	N	56*	1234	33,49	18,6	16,7	239,0	52,5	291,5
				70	884	31,94	21,4	18,9	281,8	41,4	323,2
				77	742	31,85	23,4	20,2	300,6	41,5	342,1
95	**Johannisburg** Gumbinnen	63	N	77	776	29,67	22,1	19,2	256,2	44,8	301,0
				82	712	29,86	23,1	20,2	274,9	46,2	321,1
96	**Stronnau** Bromberg	110	S	79	992	28,28	19,1	18,1	250,6	44,1	294,7
				85	856	27,97	20,4	19,1	265,5	44,3	309,8
97	**Doberschütz** Merseburg	136	N	79	1066	38,24	21,4	17,2	306,9	44,8	351,7
				86	958	37,88	22,4	18,0	316,5	44,0	360,5
98	**Falkenberg** Merseburg	121	N	72*	772	32,44	23,1	18,2	269,1	44,4	313,5
				81	692	36,27	25,8	20,2	337,1	46,2	383,3
				88	584	34,90	27,6	21,2	345,0	45,5	390,5
99	**Doberschütz** Merseburg	121	N	88	704	34,32	24,9	18,8	307,0	48,2	355,2
				95	664	34,73	25,8	19,3	325,7	49,2	374,9
100	**Cunersdorf** Potsdam	199	S	78*	978	35,38	21.5	20,1	308,1	42,1	350,2
				90	727	35,84	25,1	21,7	368,1	53,0	421,1
				97	677	35,78	25,9	22,5	386,5	52,6	439,1
101	**Dobrilugk** Frankfurt	60	S	86*	728	36,99	25,4	19,2	315,2	47,8	363,0
				95	676	38,41	26,9	20,4	382,9	60,5	443,4
				102	656	38,46	27,3	20,8	392,3	52,4	444,7

** Infolge des Windbruches 1894 grosser Materialanfall, welcher mit Unrecht ganz als „Periodischer Abgang" gebucht wurde.

Derb-holz-form-zahl	Baum-form-zahl	Dauer der Periode	Periodischer Ertrag der Zwischennutzungen				Derb-holz-form-zahl	Periodischer Gesammtzuwachs				Periodischer Durchschnittszuwachs	
								Kreisfläche		Derbholz			
			Stamm-zahl	Kreis-fläche	Höhe	Derb-holz		am Haupt-be-stand	am perio-dischen Ab-gang	am Haupt-be-stand	am perio-dischen Ab-gang	Kreis-fläche	Derb-holz
				qm	m	fm		qm	qm	fm	fm	qm	fm

(Fortsetzung.)

Derb-holz-form-zahl	Baum-form-zahl	Dauer der Periode	Stamm-zahl	Kreis-fläche qm	Höhe m	Derb-holz fm	Derb-holz-form-zahl	am Haupt-be-stand qm	am perio-dischen Ab-gang qm	am Haupt-be-stand fm	am perio-dischen Ab-gang fm	Kreis-fläche qm	Derb-holz fm
452 472	585 563	7	471	3,71	11,0	13,3	327	2,81	0,21	33,9	2,1	0,43	5,14
459 460	565 543	6	160	1,77	13,7	10,0	412	2,66	0,06	34,4	0,7	0,45	5,85
477 485	581 —	7	304	6,65	16,6	53,9	489	1,99	0,19	44,1	5,4	0,31	7,07
466 471	544 543	6	150	2,56	14,6	16,0	429	0,81	0,04	13,3	0,6	0,14	2,32
461	550	—	—	—	—	—	—	—	—	—	—	—	—
479 480	547 544	6	136	2,70	16,3	19,6	445	1,71	0,03	24,0	0,8	0,29	4,13
504	—	—	—	—	—	—	—	—	—	—	—	—	—
434	532	—	—	—	—	—	—	—	—	—	—	—	—
449 452	514 515	7	116	1,97	14,5	12,0	417	2,68	0,04	27,2	0,6	0,39	3,97
428	516	—	—	—	—	—	—	—	—	—	—	—	—
477 477	537 531	7	149	2,65	16,3	20,0	462	1,38	0,05	23,7	0,8	0,20	3,50
427	522	—	—	—	—	—	—	—	—	—	—	—	—
467 467	536 533	7	142	1,64	15,1	10,2	410	1,52	0,03	28,4	0,6	0,22	4,14
450 456	528 532	5	64	1,34	16,5	10,2	459	1,51	0,02	28,5	0,4	0,31	5,78
489 496	576 579	6	136	2,41	14,4	17,0	490	2,02	0,08	30,7	1,2	0,35	5,32
466 465	535 529	7	108	2,05	15,7	14,9	463	1,65	0,04	24,0	0,5	0,24	3,50
456	531	—	—	—	—	—	—	—	—	—	—	—	—
462 466	523 528	7	108	2,85	16,6	19,6	414	1,42	0,06	25,6	1,9	0,21	3,94
475 486	551 559	7	40	1,29	17,5	9,9	438	1,68	0,02	28,2	0,3	0,24	4,08
433	492	—	—	—	—	—	—	—	—	—	—	—	—
472 480	542 545	7	50	1,46	20,0	13,7	470	1,37	0,03	31,3	0,7	0,20	4,57
443	511	—	—	—	—	—	—	—	—	—	—	—	—
489 491	566 555	7	20	0,61	18,2	5,2	463	0,66	0,01	14,5	0,1	0,10	2,09

Lfd. No.	Oberförsterei / Regierungsbezirk	Jagen	Begründungsart	Alter (Jahre)	Des Hauptbestandes						
					Stammzahl	Kreisfläche (qm)	Durchmesser (cm)	Höhe (m)	Derbholz (fm)	Reisholz (fm)	Gesammtmasse (fm)
											**III. Ertragsklasse**
102	**Falkenberg** Merseburg	86	N	96	603	38,74	28,6	22,0	407,1	52,9	460,0
				103	545	37,89	29,8	22,6	410,8	51,8	462,6
103	**Falkenberg** Merseburg	73	N	87*	638	32,85	25,6	19,6	288,2	40,2	328,4
				98	590	35,26	27,6	20,5	349,2	43,3	392,5
				105	546	35,05	28,6	21,2	359,1	42,7	401,8
104	**Woziwoda** Marienwerder	261	S	101	820	35,47	23,5	21,0	338,5	45,0	383,5
				107	696	33,78	24,8	22,4	347,1	44,1	391,2
105	**Schwiedt** Marienwerder	281	N	117	668	37,03	26,5	22,2	369,9	44,8	414,7
				123	576	34,73	27,7	23,1	366,6	43,3	409,9
106	**Massin** Frankfurt	240	N	127	430	37,71	33,4	25,3	461,9	54,0	515,9
				134	408	37,17	34,1	25,9	468,1	53,4	521,5
											IV. Ertrags-
107	**Kielau** Danzig	279	S	34	4808	23,76	7,9	8,5	78,6	86,5	165,1
				39	3568	23,72	9,2	10,3	102,2	—	—
108	**Birnbaum** Posen	161	S (nördlich)	34	4144	22,68	8,3	8,1	63,0	56,8	119,8
				42	3592	25,42	9,6	9,8	93,6	—	—
109	**Selgenau** Bromberg	220	S	37	5436	22,72	7,3	8,0	53,4	68,4	121,8
				44	3680	23,08	9,0	9,7	90,8	47,3	138,1
110	**Zirke** Posen	156	Pfl	38	2808	22,41	10,1	9,1	81,8	48,7	130,5
				46	2264	23,40	11,5	10,9	114,3	—	—
111	**Selgenau** Bromberg	72 I	S	40	4744	25,89	8,3	8,8	85,4	66,9	152,3
				47	3124	24,05	9,9	10,3	110,0	42,5	152,5
112	**Waice** Posen	130	S	55	2772	28,07	11,3	10,4	117,4	46,8	164,2
				63	2080	27,95	13,1	11,8	142,3	—	—
113	**Tschiefer** Liegnitz	127	S	51*	2952	31,15	11,6	12,7	165,5	65,2	230,7
				61	1644	30,02	15,3	14,7	210,6	53,7	264,3
				68	1340	28,96	16,6	16,2	227,0	49,3	276,3
114	**Nienburg** Hannover	201	N	63	1484	29,80	16,0	13,5	201,1	—	—
				69	1380	30,54	16,8	14,4	221,5	47,0	268,5
115	**Woziwoda** Marienwerder	128	S	63	1988	26,77	13,1	13,9	159,9	49,6	209,5
				69	1424	24,64	14,8	15,5	170,9	36,9	207,8
116	**Birnbaum** Posen	198	N (östlich)	61	1784	25,15	13,4	12,0	134,3	39,9	174,2
				69	1460	24,70	14,7	13,3	148,0	—	—
117	**Rosengrund** Bromberg	112	N	64	1510	29,08	15,6	14,4	185,0	44,0	229,0
				70	1266	29,16	17,1	15,4	211,1	42,2	253,3
118	**Rosengrund** Bromberg	99	N	70	1460	25,88	15,0	13,4	157,7	39,3	197,0
				76	1180	24,95	16,4	14,5	173,2	37,6	210,8
119	**Jura** Gumbinnen	95	N	71	1548	27,78	15,1	14,0	186,4	46,0	232,4
				77	1316	27,96	16,5	15,3	207,1	47,2	254,3

Derbholz-formzahl	Baum-formzahl	Dauer der Periode (Jahre)	Periodischer Ertrag der Zwischennutzungen				Derbholz-formzahl	Periodischer Gesammtzuwachs				Periodischer Durchschnittszuwachs	
				Kreisfläche	Höhe	Derbholz		Kreisfläche		Derbholz		Kreisfläche	Derbholz
			Stammzahl	(qm)	(m)	(fm)		am Hauptbestand (qm)	am periodischen Abgang (qm)	am Hauptbestand (fm)	am periodischen Abgang (fm)	(qm)	(fm)
478 479	541 540	7	58	2,14	20,6	19,8	449	1,26	0,03	22,6	0,9	0,18	3,50
443	511	—	—	—	—	—	—	—	—	—	—	—	—
482 482	542 542	7	44	1,45	19,1	13,2	489	1,21	0,03	22,3	0,7	0,18	3,29
454 459	515 517	6	124	2,96	15,9	19,5	414	1,21	0,06	26,5	1,7	0,21	4,69
450 456	505 511	6	92	3,38	19,5	29,4	446	1,02	0,06	24,6	1,5	0,18	4,35
484 485	541 542	7	22	1,24	23,9	13,5	454	0,68	0,02	19,4	0,3	0,10	2,81

klasse.

Derbholz-formzahl	Baum-formzahl	Dauer der Periode (Jahre)	Stammzahl	Kreisfläche (qm)	Höhe (m)	Derbholz (fm)	Derbholz-formzahl	Kreisfläche am Hauptbestand (qm)	Kreisfläche am periodischen Abgang (qm)	Derbholz am Hauptbestand (fm)	Derbholz am periodischen Abgang (fm)	Kreisfläche (qm)	Derbholz (fm)
389 418	817 --	5	1240	3,62	6,1	3,3	200	3,36	0,22	26,2	0,8	0,72	5,40
343 377	651 —	8	552	1,39	6,9	0,3	31	3,96	0,17	30,5	0,3	0,52	3,85
296 405	669 617	7	1756	4,85	7,3	6,2	176	4,83	0,38	42,2	1,4	0,74	6,22
400 430	640 —	8	544	2,40	8,0	3,5	182	3,21	0,18	35,1	0,9	0,42	4,50
371 446	668 617	7	1620	5,06	8,2	7,1	171	2,91	0,31	30,5	1,2	0,46	4,53
401 430	562 —	8	692	3,70	9,3	6,4	186	3,38	0,20	30,4	0,9	0,45	3,92
428	584	—	—	—	—	—	—	—	—	—	—	—	—
476 483	599 588	7	304	2,86	13,1	15,6	418	1,74	0,06	31,3	0,8	0,26	4,58
500 503	— 612	6	104	1,43	12,2	8,6	493	2,14	0,03	28,0	0,5	0,36	4,76
430 446	562 545	6	564	4,03	10,4	13,9	332	1,72	0,18	23,5	1,5	0,32	4,16
444 452	579 —	8	324	2,16	10,4	7,6	340	1,64	0,07	20,6	0,7	0,21	2,66
441 470	547 563	6	244	2,55	13,1	13,7	411	2,55	0,08	38,0	1,8	0,44	6,64
452 477	568 584	6	280	3,03	11,6	13,9	395	1,98	0,12	28,2	1,3	0,35	4,92
478 484	597 594	6	232	2,55	11,7	14,7	484	2,62	0,11	33,9	1,5	0,46	5,89

(Fortsetzung).

Lfd. No.	Oberförsterei Regierungsbezirk	Jagen	Be- grün- dungs- art	Alter	Des Hauptbestandes						
					Stamm- zahl	Kreis- fläche	Durch- messer	Höhe	Derb- holz	Reis- holz	Ge- sammt- masse
				Jahre		qm	cm	m	fm	fm	fm

IV. Ertragsklasse

Lfd. No.	Oberförsterei Regierungsbezirk	Jagen	Be- grün- dungs- art	Alter	Stamm- zahl	Kreis- fläche	Durch- messer	Höhe	Derb- holz	Reis- holz	Ge- sammt- masse
120	**Börnichen** Frankfurt	41	N	69	1620	30,08	15,4	12,7	190,4	47,6	238,0
				77	1236	28,23	17,0	14,0	192,3	—	—
121	**Stronnau** Bromberg	112	S	77	1320	26,94	16,1	14,9	184,8	40,1	224,9
				83	1104	26,81	17,5	16,2	210,3	38,3	248,6
122	**Rosengrund** Bromberg	129	N	78	1232	26,84	16,7	15,6	199,2	44,4	243,6
				84	1076	28,16	18,3	16,6	227,5	46,0	273,5
123	**Braschen** Frankfurt	58	Pfl	69*	2200	32,72	13,8	13,0	189,5	59,8	249,3
				80	1572	34,07	16,6	14,6	238,7	50,6	289,3
				87	1404	33,73	17,5	15,4	252,2	50,2	302,4
124	**Neuenkrug** Stettin	160	S	64*	1120	29,18	18,2	16,2	220,3	44,3	264,6
				82	891	31,77	21,3	17,7	263,8	42,5	306,3
				88	797	31,51	22,4	18,4	273,5	—	—
125	**Tschiefer** Liegnitz	131	N	87	1184	31,23	18,3	16,4	250,1	40,0	290,1
				94	1016	30,93	19,7	17,3	261,6	37,7	299,3
126	**Doberschütz** Merseburg	61c	N	90	1031	36,19	21,1	17,5	288,7	41,0	329,7
				97	886	35,00	22,4	18,2	290,7	39,2	329,9
127	**Norkaiten** Gumbinnen	72 Moor	N	92	748	28,23	21,9	17,6	231,5	47,9	279,4
				99	692	28,83	23,0	18,5	252,2	44,6	296,8
128	**Woziwoda** Marienwerder	157	S	96	912	33,67	21,7	18,6	286,5	53,3	339,8
				102	852	33,41	22,3	19,6	302,7	51,2	353,9
129	**Woziwoda** Marienwerder	270	S	98	1152	31,48	18,7	16,9	244,8	49,7	294,5
				104	936	30,01	20,2	18,3	260,5	47,2	307,7
130	**Norkaiten** Gumbinnen	69 Moor	N	91*	1000	27,38	18,7	15,9	214,1	41,9	256,0
				101	882	30,41	21,0	16,9	246,9	48,9	295,8
				108	800	29,98	21,8	18,0	262,3	49,8	312,1
131	**Rosengrund** Bromberg	110	N	112	504	29,82	27,5	18,8	259,8	45,2	305,0
				118	468	29,52	28,3	19,5	269,8	45,3	315,1
132	**Rosengrund** Bromberg	113	N	118	395	31,08	31,7	21,6	324,3	59,7	384,0
				124	345	29,92	33,2	22,3	325,5	55,0	380,5
133	**Rosengrund** Bromberg	99	N	127	584	31,43	26,2	20,2	303,0	53,3	356,3
				133	548	31,84	27,2	20,8	318,5	50,3	368,8

V. Ertrags-

Lfd. No.	Oberförsterei Regierungsbezirk	Jagen	Be- grün- dungs- art	Alter	Stamm- zahl	Kreis- fläche	Durch- messer	Höhe	Derb- holz	Reis- holz	Ge- sammt- masse
134	**Braschen** Frankfurt	142	Pfl	38	4788	21,18	7,5	6,6	52,3	46,5	98,8
135	**Birnbaum** Posen	161 südlich	Pfl	32	5140	16,51	6,4	5,2	24,1	46,5	70,6
				40	4772	19,37	7,2	6,5	40,2	—	—
136	**Freienwalde** Potsdam	110	S	38	3112	21,14	9,3	7,1	59,8	46,3	106,1
				43	2644	22,15	10,3	8,2	73,8	—	—
137	**Selgenau** Bromberg	208	S	39	6088	21,82	6,7	7,2	41,7	58,0	99,7
				46	4108	22,68	8,4	8,7	81,5	42,1	123,6

Derbholz-formzahl	Baum-formzahl	Dauer der Periode	Periodischer Ertrag der Zwischennutzungen				Periodischer Gesammtzuwachs				Periodischer Durchschnitts-zuwachs	
							Kreisfläche		Derbholz			
			Stamm-zahl	Kreis-fläche	Höhe	Derb-holz	Derb-holz-form-zahl	am Haupt-be-stand	am perio-dischen Ab-gang	am Haupt-be-stand	am perio-dischen Ab-gang	Kreis-fläche	Derb-holz
				qm	m	fm		qm	qm	fm	fm	qm	fm
(Fortsetzung).													
497 485	623 —	8	384	3,26	11,4	16,2	438	1,24	0,17	17,7	0,5	0,18	2,24
458 483	561 573	6	216	2,37	11,5	12,3	450	2,16	0,08	35,7	2,2	0,37	6,31
477 486	583 584	6	156	2,31	14,1	14,0	433	3,48	0.15	41,0	1,3	0,61	7,50
446	587	—	—	—	—	—	—	—	—	—	—	—	—
479 485	581 583	7	168	2,01	13,0	10,5	401	1,60	0,07	23,4	0,6	0,24	3,44
465	559	—	—	—	—	—	—	—	—	—	—	—	—
468 471	544 —	6	94	1,89	15,2	12,0	418	1,60	0,03	21,2	0,4	0,27	3,60
487 489	567 559	7	168	2,19	14,8	14,6	448	1,83	0,06	25,3	0,7	0,27	3,72
457 458	521 518	7	145	2,96	16,0	20,5	431	1,73	0,04	21,4	1,0	0,25	3,21
464 473	563 557	7	56	0,78	17,0	6,2	470	1,34	0,04	26,4	0,6	0,20	3,87
458 461	542 540	6	60	1,61	17,1	12,0	434	1,31	0,04	27,4	0,8	0,22	4,69
458 474	554 561	6	216	3,05	15,0	16,1	353	1,50	0,08	30,9	1,0	0,26	5,32
491	587	—	—	—	—	—	—	—	—	—	—	—	—
480 486	576 578	7	82	1,57	15,7	11,6	470	1,11	0,02	26,5	0,4	0,16	3,85
464 469	545 548	6	36	1,70	18,8	14,1	442	1,33	0,07	23,2	1,0	0,23	4,03
482 487	571 571	6	50	2,28	20,7	22,8	486	1,07	0,05	23,1	0,9	0,19	4,00
478 480	562 558	6	36	1,13	16,7	9,1	488	1,52	0,03	24,3	0,3	0,25	4,09
klasse.													
375	706	—	—	—	—	—	—	—	—	—	—	—	—
282 319	823 —	8	368	0,55	4,4	—	—	3,37	0,04	16,1	—	0,43	2,02
399 406	707 —	5	468	1,36	6,6	1,1	120	2,31	0,06	14,8	0,2	0,47	3,01
266 413	635 627	7	1980	3,24	6,3	0,1	6	3,76	0,34	39,8	—	0,59	5,70

Lfd. No.	Oberförsterei Regierungsbezirk	Jagen	Be-grün-dungs-art	Alter	Des Hauptbestandes						
					Stamm-zahl	Kreis-fläche	Durch-messer	Höhe	Derb-holz	Reis-holz	Ge-sammt-masse
				Jahre		qm	cm	m	fm	fm	fm

V. Ertragsklasse

Lfd. No.	Oberförsterei Regierungsbezirk	Jagen	Be-grün-dungs-art	Alter	Stamm-zahl	Kreis-fläche	Durch-messer	Höhe	Derb-holz	Reis-holz	Ge-sammt-masse
138	**Selgenau**	72	S	40	5756	23,06	7,1	7,5	47,7	58,2	105,9
	Bromberg	Fl. II		47	3828	22,36	8,6	8,6	74,4	29,8	104,2
139	**Freienwalde**	113	S	45	4674	24,07	8,1	6,1	51,2	45,9	97,1
	Potsdam			50	3904	25,42	9,1	7,3	74,0	—	—
140	**Selgenau**	56	S	45	4172	24,45	8,6	8,6	80,9	65,9	146,8
	Bromberg			52	3028	22,96	9,8	9,7	96,5	30,6	127,1
141	**Freienwalde**	100	S	54	4084	24,53	8,8	8,1	72,2	30,2	102,4
	Potsdam			59	3564	25,24	9,5	8,7	84,9	—	—
142	**Birnbaum**	198	S	62	3108	21,35	9,4	8,5	75,0	47,6	122,6
	Posen	westl.		70	2356	20,58	10,6	9,7	82,0	—	—
143	**Dobrilugk**	124	S	68	3100	27,25	10,6	9,1	101,3	50,8	152,1
	Frankfurt			75	2544	27,60	11,8	9,9	127,4	46,1	173,1
144	**Selgenau**	195	S	75	1980	32,69	14,5	12 2	180,6	48,8	229,4
	Bromberg			82	1555	31,33	16,0	13,4	201,4	47,9	249,3
145	**Dobrilugk**	153	S	86	1844	25,99	13,4	11,5	142,2	51,9	194,1
	Frankfurt			93	1704	26,16	14,0	12,0	159,4	42,6	202,0
146	**Pfeil**	69	N	106	584	18,87	20,3	12,2	110,6	37,1	147,7
	Königsberg	Moor		112	576	19,36	20,7	13,3	124,4	39,4	163,8

Derbholz-formzahl	Baum-formzahl	Dauer der Periode	Periodischer Ertrag der Zwischennutzungen				Derbholz-formzahl	Periodischer Gesammtzuwachs				Periodischer Durchschnittszuwachs	
			Stammzahl	Kreisfläche	Höhe	Derbholz		Kreisfläche		Derbholz		Kreisfläche	Derbholz
								am Hauptbestand	am periodischen Abgang	am Hauptbestand	am periodischen Abgang		
		Jahre		qm	m	fm		qm	qm	fm	fm	qm	qm

(Fortsetzung).

Derbholz-formzahl	Baum-formzahl	Dauer	Stammzahl	Kreisfläche qm	Höhe m	Derbholz fm	Derbholz-formzahl	Kreisfläche am Hauptbestand qm	Kreisfläche am period. Abgang qm	Derbholz am Hauptbestand fm	Derbholz am period. Abgang fm	Durchschn. Kreisfläche qm	Durchschn. Derbholz qm
276 388	612 540	7	1928	5,77	7,5	12,1	281	4,18	0,89	28,7	4,2	0,72	4,70
348 399	661 —	5	735	1,42	5,6	—	—	—	—	—	—	0,52	4,57
385 431	699 570	7	1144	5,08	8,7	10,7	242	2,98	0,61	24,2	2,1	0,51	3,95
364 388	517 —	5	520	1,33	5,7	0,2	29	2,02	0,02	13,0	—	0,41	2,60
412 412	677 —	8	752	2,36	6,4	2,5	165	1,45	0,14	9,1	0,4	0,20	1,18
410 466	613 636	· 7	556	2,49	8,2	4,9	245	2,78	0,06	30,6	0,4	0,41	4,44
452 481	575 595	7	425	3,75	11,3	15,8	374	2,26	0,13	34,2	2,3	0,34	5,23
476 509	649 643	7	140	1,11	10,1	3,2	288	1,25	0,03	20,1	0,3	0,18	2,92
480 483	639 635	6	8	0,14	11,9	0,9	508	0,63	0,01	14,6	0,1	0,11	2,44

II. Construction der Ertragstafeln.

Die Neubearbeitung der Ertragstafeln ging von der vielseitig bestätigten Thatsache aus, dass die Angaben meiner früheren Tafeln hinsichtlich der Höhenentwicklung und Derbholzmassen des Hauptbestandes im Wesentlichen als zutreffend betrachtet werden konnten. Die erste Aufgabe bestand deshalb darin, diese Grössen nach den Ergebnissen der wiederholten Aufnahmen zu prüfen und soweit erforderlich zu berichtigen.

Zu diesem Behufe wurden zunächst die Höhen- bezw. Derbholzcurven nach den Daten der früheren Ertragstafel construirt und in diese Zeichnung alsdann die Curvenstücke, welche durch Verbindung der den wiederholten Aufnahmen entsprechenden Punkte entstanden, eingetragen.

Die Vergleichung der Curvenzüge mit dem Verlauf der Curvenstücke gab ein ausserordentlich befriedigendes Resultat.

Die seinerzeit aus den Stammanalysen und Oberhöhen abgeleiteten Höhencurven harmonirten mit der Richtung der Curvenstärke so gut, dass eine Correctur eigentlich überhaupt nicht nothwendig gewesen wäre. Selbst bei der schärfsten Kritik erwies sich nur an einzelnen Punkten eine Verschiebung um 10 bis 20 cm als wünschenswerth; eine Aenderung, welche praktisch gar nicht ins Gewicht fällt.

Ebenso günstig gestaltete sich das Verhältniss der Derbholzcurven. Hier wurden kleine Aenderungen eigentlich nur in jenen Abschnitten vorgenommen, wo seinerzeit das Grundlagenmaterial nicht ausreichend gewesen war, nämlich in den jüngsten und höchsten Altersstufen der geringeren Ertragsklassen. Es ergab sich ein langsameres Ansteigen in der Jugend und ein längeres Fortdauern des besseren Wachsthums im höheren Alter, welches letzteres schon bei der ersten Aufstellung der Ertragstafeln als wahrscheinlich bezeichnet worden war[1]). Indessen überstiegen auch diese Aenderungen nirgends den Betrag von 10 fm und blieben fast stets erheblich unter dieser Grösse.

Das Grundlagematerial gab nun auch genügende Anhaltspunkte, um die Curvenzüge der III. und IV. Ertragsklasse bis zum Alter von 130 Jahren, jene der V. bis zu einem solchen von 110 Jahren fortzuführen.

Nachdem die neuen Zahlenreihen bezw. Curven für Höhen- Derbholzmasse endgültig festgelegt worden waren, folgte die Einreihung der Probeflächen in die verschiedenen Ertragsklassen.

Dieses geschah nach dem von mir bei den früher bearbeiteten Ertragstafeln angewendeten Verfahren in der Weise, dass durch Halbirung der zwischen den Höhen- bezw. Derbholzmassencurven liegenden Streifen die Grenzcurven zwischen den verschiedenen Ertragsklassen gezogen wurden. So ergab sich für jede Ertragsklasse je eine Zone über und unter der Mittelkurve. Nach Festellung der Zonen, welchen die einzelnen Probeflächen hinsichtlich der Masse und Höhe angehörten, trat die bekannte Uebereinstimmung beider Elemente wieder auf das entschiedenste hervor; nur vier Probeflächen gehörten hinsichtlich Masse und Höhe nicht der gleichen oder den beiden benachbarten Zonen an (z. B. Ib. und IIa). Diese vier Flächen waren solche, deren Normalität schon bei der örtlichen Prüfung als sehr zweifelhaft erschienen war, sie wurden nicht nur für die weitere Arbeit ausser Betracht gelassen, sondern überhaupt als Versuchsflächen aufgegeben und finden sich deshalb auch nicht in Tabelle I.

Wenn eine Probefläche nach Masse und Höhe verschiedenen Ertragsklassen angehörte, so blieb für die Einreihung stets die Höhe massgebend, da auch bei dieser Arbeit das tadellose Functioniren dieses Factors als Weiser der Standortsgüte durchgehends hervortrat.

Der weitere Verlauf der Arbeit unterscheidet sich wesentlich von dem früher angewandten Verfahren.

Zunächst handelte es sich um die Aufstellung der Kreisflächencurven für den Hauptbestand.

Diesem Theile wurde ganz besondere Sorgfalt zugewendet, weil ich die von Weise ausgesprochene Ansicht, dass die früheren Zahlen zu hoch seien, nach den inzwischen angestellten Erwägungen als zutreffend anerkennen musste und weil hier nun

---

[1]) Vgl. S. 24 l. c.

auch die Ergebnisse meiner Arbeit über die Kiefernformzahlen in Betracht gezogen werden konnten.

Die Erwartung, dass die Curvenstücke der wiederholten Aufnahme einen guten Anhalt gewähren würden, erwies sich als trügerisch.

Die Zunahme der Kreisflächen der Kiefernbestände ist selbst bei ganz normaler Entwicklung in den mittleren und höheren Lebensaltern eine so geringe, dass die unvermeidlichen Calamitäten, Trockniss und Windbruch, sowie eine nur einigermassen schärfere Durchforstung bei in kurzen Zwischenräumen aufeinanderfolgenden Aufnahmen statt einer Zunahme der Kreisfläche eine Abnahme veranlassen (vgl. auch die später folgende Tabelle VI sowie die zugehörigen Erörterungen). Die sehr trockenen und heissen Sommer 1892, 1893 und 1894, sowie der Windbruch des Februars 1894 und dessen Nachwirkungen haben sich nun gerade in dieser Richtung sehr störend fühlbar gemacht. Tabelle I zeigt daher für eine grosse Anzahl Probeflächen, eine theilweise nicht unbedeutende Abnahme der Stammgrundflächen. Ich halte mich für verpflichtet, auf diese Verhältnisse deshalb besonders hinzuweisen, um meine Hilfsarbeiter, namentlich Herrn Forstassessor Dr. Freiherrn v. d. Bussche, vor dem Vorwurf zu bewahren, dass sie meiner Anweisung, die Probeflächen nur „mässig" zu durchforsten, nicht entsprochen und allzuscharf eingegriffen hätten. Der Anfall von Trockniss war in allen Kiefernbeständen während der letzten Jahre aus den angegebenen Gründen ganz ungewöhnlich hoch, wie alle Kenner dieser Verhältnisse bestätigen werden.

Unter diesen Umständen war ich bei Ableitung der Kreisflächencurven auf weitgehende Benutzung des Quotienten

$$G = \frac{M}{FH}$$

angewiesen, wobei sich andererseits allerdings auch der Vortheil ergab, dass sogleich zwischen den beiden massenbildenden Factoren: Kreisfläche und Formzahl die erforderliche Uebereinstimmung hergestellt wurde.

Als weitere Aufgabe trat nunmehr sogleich die Ableitung der Formzahlkurven heran.

Ich habe hierfür einen doppelten Weg eingeschlagen:

Zunächst wurden die Bestandesderbholzformzahlen der Probeflächen in der üblichen Weise mit verschiedenen Farben für die einzelnen Ertragsklassen verzeichnet und hiernach Curven entworfen.

Weiter versuchte ich aber auch die Formzahlen der Einzelstämme bezw. des Mittelstammes zu benutzen, da der allgemeine
Verlauf der auf erstere Weise gewonnenen Curven mit dem Gang
der Formzahlcurven für Einzelstämme übereinstimmte, welche
ich bei meinen Untersuchungen über die Formzahlen der Kiefer
erhalten hatte und auf den meiner diesbezüglichen Arbeit bei-
gegebenen Tafeln veranschaulicht ist. Wenn dieser Versuch gelang, so waren alle Zweifel, welche bezüglich der absoluten
Grösse der Formzahlen beim ersten Verfahren immerhin noch
möglich sind, ohne Weiteres beseitigt.

In den Untersuchungen über die Formzahlen der Kiefer
sind die Curven nach Altersklassen gesondert construirt,
ich musste daher für die hier vorliegende Aufgabe zunächst
zusammenhängende Formzahlcurven für jede Ertragsklasse ableiten, was ohne Schwierigkeiten möglich war.

Da nämlich die Bestandesmittelhöhen bereits festlagen so
konnte ich hiernach unter Berücksichtigung des Alters aus der
Tabelle VII auf Seite 14 der erwähnten Arbeit die zugehörigen
Formzahlen entnehmen und erhielt so auf einfache Weise durch
graphische Ausgleichung anscheinend recht gute Formzahlcurven
für die verschiedenen Ertragsklassen; diese stimmten nun zwar
in ihrem allgemeinen Verlauf mit den Curven der Bestandesformzahlen überein, wichen aber nach ihrer absoluten Grösse
doch, namentlich in dem mittleren Lebensalter, verhältnissmässig erheblich von diesen ab, da ein Unterschied von einigen
Procenten für die weitere Arbeit schon sehr ins Gewicht fällt.

In den höheren Altersstufen harmonirten dagegen die nach
beiden Methoden erhaltenen Formzahlen recht gut. Das Verhältniss dieser beiden Formzahlreihen und die sich hieraus
ergebenden Folgerungen werden weiter unten (S. 47) näher be-
sprochen werden.

Als nun der Versuch gemacht wurde, mit Hilfe der Einzel-
stamm-Formzahlen die Kreisflächencurven zu berechnen und diese
in die Zeichnung der thatsächlich ermittelten Kreisflächen zu
übertragen, ergaben sich doch immerhin so erhebliche Differenzen,
dass auf die ausschliessliche Benutzung dieser Zahlen verzichtet
werden musste.

Es blieb somit nichts anderes übrig, als in der Zeichnung
der Kreisflächen für einzelne Alter (50, 75, 100 und 130 Jahre)
den wahrscheinlichen Werth für die verschiedenen Bonitäten in
der Mitte der betreffenden Streifen vorläufig annähernd festzu-

legen und nun zu vergleichen, wie sich die hiermit rückwärts rechnerisch abgeleiteten Formzahlen $F = \dfrac{M}{GH}$ gegenüber den auf graphischem Wege direct gewonnenen Formzahlen verhielten. Hierbei zeigte sich, dass diese Werthe ungleich besser den Curven der Bestandesformzahlen als jenen der Einzelstammformzahlen in jenen Altersstufen entsprachen, wo grössere Unterschiede zwischen beiden vorhanden waren, d. h. in den mittleren Lebensaltern.

In den jüngeren Altersklassen, wo die graphische Methode für die Ableitung der Formzahlen versagte, weil die Ordinatendifferenzen zu rasch wachsen, musste auf die directe Benutzung der aus Tabelle I entnommenen Werthe für Formzahlen und Kreisflächen zurückgegriffen werden.

Auf diese Weise gelang es nach längerer, mühevoller Rechen- und Zeichenarbeit Kreisflächen und Formzahlcurven zu erhalten, welche den thatsächlichen Verhältnissen entsprachen.

Hier dürfte die Ursache zu erwähnen sein, weshalb ich bei meiner früheren Ertragstafel auf zu hohe Kreisflächen und in Folge dessen auf zu niedere Bestandesformzahlen gekommen bin.

Der Grund hierfür liegt wesentlich darin, dass unsere Altbestände unter einer von der jetzigen gänzlich verschiedenen wirthschaftlichen Behandlungsweise erwachsen sind, insbesondere war, was hier hauptsächlich ins Gewicht fällt, von einem Durchforstungsbetrieb vor 60—80 Jahren überhaupt nicht die Rede. Infolgedessen enthalten die Altbestände, namentlich jene der besten Ertragsklasse, sehr viel „aufgespeichertes Durchforstungsmaterial" und damit auch ganz unverhältnissmässig hohe Kreisflächen[1]).

Bestände, wie z. B. No. 25 in Schöneiche, werden wir künftig überhaupt nicht mehr erziehen. Bei Entwurf der ersten Kreisflächencurven im Jahre 1889, wo die Untersuchungen über die Kiefernformzahlen noch nicht vorlagen, mussten sie aber als Anhaltspunkte benutzt werden.

Hierzu kommt noch, dass auch im ca. 60jährigen Alter mehrere sächsische und schlesische Probenflächen wegen sehr günstiger Standortsverhältnisse und der Vorliebe einiger Revierver-

---

[1]) So habe ich z. B. in der Oberförsterei Freienwalde einen 135jährigen Kiefernbestand untersucht, welcher 424 Stämme und 55,30 qm Stammgrundfläche enthielt. Bei näherer Betrachtung liess sich nachweisen, dass mindestens 104 Stämme mit jetzt 9,62 qm Stammgrundfläche schon vor längerer Zeit herauszunehmen gewesen wären.

walter für äusserst schwache Durchforstungen ebenfalls mit ganz gewaltigen Kreisflächensummen erschienen. Letzteres hat sich inzwischen, seitdem der Durchforstungsbetrieb von der Hauptstation allein in die Hand genommen worden ist, zwar bedeutend geändert, macht sich aber immer noch fühlbar, weil ein Theil dieser Bestände, namentlich der schlesischen, überhaupt nicht auf Kiefernboden stockt und die sächsischen Bestände wohl schon der Grenze unseres Wuchsgebietes angehören.

Wenn man diese beiden Bestandesgruppen bei Entwurf der Kreisflächencurven nicht ausscheidet, wozu früher nicht bekannte schwerwiegende Gründe wegen der sonstigen schönen Beschaffenheit dieser Flächen vorhanden sein müssen, gelangt man stets zu Curvenzügen, wie sie der ersten Bearbeitung zu Grunde gelegt worden sind.

Die in den Formzahlen gebotene Controle der Kreisflächencurven stand aber damals noch nicht zur Verfügung.

Wie Kreisflächen und Formzahlen, so bilden Stammzahlen und Mitteldurchmesser ein weiteres Paar von Zahlenreihen, welche mit einander zusammenhängen und sich gegenseitig controliren.

Da die Stammzahlen am meisten schwanken und auf graphischem Wege für die jüngeren und mittleren Lebensalter am schwierigsten entwickelt werden können, so verzichtete ich vollständig auf deren directe Ableitung und construirte lediglich die Curven der Mitteldurchmesser, mit deren Hilfe dann die Stammzahlen nach der Formel: $N = \dfrac{G}{g}$ unschwer abgeleitet werden konnten.

Dieses Verfahren hat sich sehr gut bewährt. Zunächst zeigte sich, dass die Mitteldurchmesser der verschiedenen Ertragsklassen sehr günstig lagen und namentlich ein Uebereinandergreifen der verschiedenfarbigen Zonen fast garnicht vorkam, weiter verliefen aber auch die Curvenstücke, welche durch Verbindung der zusammengehörigen Ordinatenendpunkte entstanden, sehr gesetzmässig, so dass nach Festlegung der Mittelwerthe für verschiedene Altersstufen nach den besten Weiserbeständen die Zeichnung der Durchmessercurven keinerlei Schwierigkeiten bot.

Für die hieraus abgeleiteten Stammzahlenreihen war eine Prüfung einerseits durch den Vergleich mit den thatsächlichen Stammzahlen der Probebestände und andererseits durch die

Untersuchung ihrer Differenzen, welche ja die Stammzahlen des periodischen Abganges darstellen, ermöglicht. Bei der rechnerischen Prüfung dieser letzteren Zahlenreihen erwiesen sich nur so geringfügige Aenderungen der Stammzahlen des Hauptbestandes nöthig, dass letztere nur hier und da eine Correctur der Mitteldurchmesser um 1 bis höchstens um 2 mm erforderten.

Vom Hauptbestand waren nunmehr nur noch die Reisholzmassen zu ermitteln. Hierbei ging ich zunächst von den Reisholzprocenten der Probeflächen aus und entwickelte aus den hierzu gehörigen Curvenstücken auf graphischem Wege Mittelcurven. Für die mittleren und höheren Lebensalter ergab dieses Verfahren ganz gute Resultate. In den jüngeren Lebensaltern aber, wo die Reisholzprocente sehr rasch abnehmen, mussten die Reisholzmassen der Probebestände direct benutzt werden und zwar geschah dieses in der Weise, dass in jenen Altersstufen, für welche mehrere annähernd gleich alte Probeflächen zur Verfügung standen, Durchschnitte gebildet sowie hiermit unter Heranziehung der bereits feststehenden Derbholzmassen die Gesammtmassen berechnet und dann aufgetragen wurden. Aus den so construirten curven der Gesammtmassen ergab sich ohne Schwierigkeit rückwärts die Reisholzmasse der einzelnen Altersstufen. Zur Controle des Verfahrens dienten die Baumformzahlen, welche hierzu sehr geeignet sind. So nöthigte z. B. ihr unregelmässiger Verlauf in der V. Ertragsklasse, für welche die Unterlagen ja stets am unsichersten sind, zu einer wesentlichen Correctur der provisorischen Reisholzkurven.

Die Hoffnung, dass die Nebenbestandsmassen nunmehr aus den Aufschreibungen über die Massen des periodischen Abganges abgeleitet werden könnten, erwies sich als unbegründet, weil die wirklich genutzten Massen aus den oben bei Besprechung der Kreisflächen bereits erörterten Gründen unverhältnissmässig hohe waren. Sie überstiegen die Aufsätze meiner Ertragstafeln theilweise um mehr als 60 %, immerhin sind indessen die Verhältnisse doch nicht so abnorm gewesen, dass man wenigstens hieraus den Schluss ziehen dürfte: erstere waren nicht zu hoch, sondern eher zu niedrig!

Ich musste daher zu meinem schon früher angewandten Verfahren greifen, die Masse des periodischen Abganges aus dem Product der Masse des Mittelstammes und der Stammzahl zu berechnen, allerdings verfügte ich nunmehr noch über ein weiteres

Hilfsmittel, welches mir früher nicht zur Verfügung gestanden hatte, nämlich über den laufendjährigen Zuwachs.

Für das Alter vom 70. Jahre aufwärts ist letzterer ein sehr gutes Hilfsmittel, in den früheren Altersstufen aber, wo die Aenderungen rasch und bei verschiedenen Beständen ungleichmässig erfolgt, lässt sich auf graphischem Wege hiemit nicht mit der nöthigen Sicherheit operiren, sondern bietet dessen für die einzelnen Versuchsflächen ermittelte Grösse nur einen allgemeinen Anhaltspunkt. In diesen Altersklassen ist aber der periodische Abgang so bedeutend, dass in der Grösse der Masse seines Mittelstammes sehr gute Durchschnittswerthe für die Ableitung der entsprechenden Mittelcurven zur Verfügung standen.

Die Kreisfläche des periodischen Abganges wurde aus der Masse durch Division mit dem Product FH abgeleitet und durch die Curve des laufendjährigen Kreisflächenzuwachses geprüft.

Höhen- und Formzahlen des Nebenbestandes konnten aus dem in Tabelle I enthaltenen Material auf graphischem Wege ermittelt werden. Hierbei zeigte sich, dass die Derbholzformzahl des Nebenstandes nicht, wie ich nach Schuberg's Untersuchungen für die Weisstanne auch für die Kiefer angenommen hatte, jener des Hauptbestandes gleich, sondern dass sie niedriger ist. Im mittleren und höheren Alter beträgt der Unterschied $3\text{—}4\,{}^0\!/_0$, in der Jugend ist er erheblich grösser.

Die Reisholzmassen des Nebenbestandes sind aus den Reisholzformzahlen des Hauptbestandes (Baumformzahl minus Derbholzformzahl) berechnet, da genügende Grundlagen für eine Aenderung nicht vorhanden waren und die Beträge, um welche es sich hier handelt, weder sehr bedeutend sind noch für die Wirthschaft ins Gewicht fallen.

(Siehe Tabelle II S. 32—39.)

Normal-

für die Kiefer in der

I. Ertrags-

Alter	Hauptbestand						Masse			Formzahl		Peri-	
	Stamm-zahl	Stamm-grund-fläche	Mittel-höhe	Jährlicher Zuwachs der Mittelhöhe		Mitt-lerer Durch-messer	Derb-holz	Reis-holz	Derb- und Reis-holz	Derb-holz	Baum	Stamm-zahl	Stamm-grund-fläche
				laufen-der	durch-schnitt-licher								
Jahre		qm	m			cm	fm						qm
10	—	—	3,7	0,48	0,37	—	—	—	—	—	—	—	—
15	4151	15,4	6,4	0,52	0,43	6,9	30	77	107	305	1,085	—	—
20	3521	22,6	8,9	0,48	0,44	9,0	70	84	154	350	0,766	630	2,8
25	2972	26,4	11,2	0,44	0,45	10,6	113	86	199	380	672	549	3,9
30	2503	29,2	13,3	0,40	0,44	12,2	158	83	241	407	621	469	4,7
35	2105	31,5	15,2	0,36	0,43	13,8	204	76	280	426	585	398	4,8
40	1770	33,3	16,9	0,32	0,42	15,5	246	69	315	437	560	335	4,6
45	1491	34,8	18,4	0,29	0,41	17,3	284	64	348	444	544	279	4,2
50	1261	36,0	19,8	0,27	0,40	19,1	319	60	379	446	530	230	3,7
55	1074	37,1	21,1	0,25	0,38	21,0	351	57	408	449	522	187	3,2
60	924	37,9	22,3	0,23	0,37	22,9	380	55	435	450	515	150	2,7
65	805	38,7	23,4	0,21	0,36	24,7	407	54	461	451	509	119	2,3
70	711	39,4	24,4	0,19	0,35	26,5	432	53	485	452	504	94	2,1
75	637	39,9	25,3	0,17	0,34	28,2	455	52	507	452	501	74	1,9
80	578	40,3	26,1	0,16	0,33	29,8	476	52	528	453	499	59	1,7
85	530	40,6	26,9	0,15	0,32	31,3	495	52	547	454	497	48	1,5
90	490	40,9	27,6	0,14	0,31	32,7	512	52	564	453	495	40	1,4
95	456	41,2	28,3	0,14	0,30	34,0	527	51	578	452	494	34	1,3
100	427	41,5	29,0	0,13	0,29	35,2	541	51	592	451	493	29	1,2
105	402	41,7	29,6	0,12	0,28	36,4	554	51	605	451	492	25	1,1
110	381	41,8	30,2	0,12	0,27	37,4	567	51	618	450	491	21	1,0
115	363	41,9	30,8	0,11	0,27	38,3	579	51	630	450	490	18	1,0
120	348	41,9	31,3	0,10	0,26	39,1	590	50	640	450	489	15	0,9
125	336	42,0	31,8	0,09	0,25	39,8	600	50	650	450	488	12	0,9
130	326	42,0	32,2	0,08	0,25	40,4	609	50	659	451	488	10	0,9
135	318	42,0	32,6	0,07	0,24	40,9	618	50	668	451	487	8	0,8
140	312	42,1	32,9	0,06	0,23	41,3	626	50	676	451	486	6	0,8

Ertragstafel

Tabelle II.

norddeutschen Tiefebene.

klasse.

Masse Derbholz	Masse Reisholz	Masse Derb- und Reisholz	Summe der Vorerträge Derbholz	Summe der Vorerträge Derb- und Reisholz	Gesammtmasse Derbholz	Gesammtmasse Derb- und Reisholz	Per. Abgang in % der Gesammtmasse Derbholz	Per. Abgang Derb- und Reisholz	durchschnittlicher jährlicher des Hauptbestandes Derbholz	des Hauptbestandes Derb- und Reisholz	der Gesammtmasse Derbholz	der Gesammtmasse Derb- und Reisholz	laufender jährlicher der Gesammtmasse Derbholz fm	Derbholz %	Derb- und Reisholz fm	Derb- und Reisholz %	Alter Jahre
—	—	—	—	—	—	—	—	—	—	—	—	—	—	—	—	—	10
—	—	—	—	—	30	107	—	—	2,0	7,1	2,0	7,1	—	—	—	—	15
1	7	8	1	8	71	162	1,4	4,9	3,5	7,7	3,5	8,1	8,8	27,4	11,5	10,3	20
4	11	15	5	23	118	222	4,2	10,4	4,5	8,0	4,7	8,9	10,3	13,4	12,6	7,8	25
11	13	24	16	47	174	288	9,2	16,3	5,3	**8,0**	5,8	9,6	11,8	9,9	**13,2**	6,6	30
16	11	27	32	74	236	354	13,6	20,9	5,8	8,0	6,7	10,1	**12,4**	7,8	13,0	5,5	35
20	9	29	52	103	298	418	17,5	24,6	6,1	7,9	7,4	10,4	12,3	6,1	12,8	4,6	40
23	8	31	75	134	359	482	20,9	27,8	6,3	7,7	8,0	10,7	11,9	5,0	12,4	4,1	45
23	6	29	98	163	417	542	23,5	30,1	**6,4**	7,6	8,3	10,8	11,2	4,1	11,6	3,4	50
22	5	27	120	190	471	598	25,5	31,8	**6,4**	7,4	8,6	**10,9**	10,4	3,4	10,8	3,0	55
21	4	25	141	215	521	650	27,1	33,1	6,3	7,2	8,7	10,8	9,6	2,9	10,0	2,5	60
19	3	22	160	237	567	698	28,2	33,9	6,3	7,1	**8,7**	10,7	8,8	2,4	9,2	2,2	65
17	3	20	177	257	609	742	29,1	34,7	6,2	6,9	8,7	10,6	8,1	2,1	8,4	1,9	70
16	2	18	193	275	648	782	29,8	35,2	6,1	6,8	8,6	10,4	7,5	1,8	7,8	1,7	75
15	2	17	208	292	684	820	30,4	35,6	5,9	6,6	8,5	10,2	7,0	1,6	7,4	1,5	80
15	2	17	223	309	718	856	31,1	36,1	5,8	6,4	8,4	10,1	6,5	1,4	6,8	1,3	85
14	1	15	237	324	749	888	31,7	36,5	5,7	6,3	8,3	9,9	6,0	1,3	6,1	1,2	90
14	1	15	251	339	778	917	32,2	37,0	5,5	6,1	8,2	9,7	5,7	1,1	5,8	1,1	95
14	1	15	265	354	806	946	32,9	37,4	5,4	5,9	8,1	9,5	5,4	1,1	5,6	1,0	100
13	1	14	278	368	832	973	33,4	37,8	5,3	5,8	7,9	9,3	5,1	1,0	5,3	0,9	105
12	1	13	290	381	857	999	33,9	38,1	5,1	5,6	7,8	9,1	4,8	0,9	5,0	0,9	110
11	1	12	301	393	880	1023	34,2	38,4	5,0	5,5	7,6	8,9	4,5	0,8	4,6	0,8	115
11	1	12	312	405	902	1045	34,6	39,8	4,9	5,3	7,5	8,7	4,2	0,8	4,3	0,7	120
10	1	11	322	416	922	1066	35,0	39,0	4,8	5,2	7,4	8,5	3,9	0,7	4,1	0,7	125
10	1	11	332	427	941	1086	35,3	39,3	4,7	5,1	7,2	8,3	3,7	0,6	3,9	0,6	130
9	1	10	341	437	959	1105	35,6	39,5	4,6	4,9	7,1	8,2	3,5	0,6	3,7	0,6	135
9	1	10	350	447	976	1123	35,9	39,8	4,5	4,8	7,0	8,0	3,3	0,6	3,5	0,5	140

Schwappach, Neuere Untersuchungen. 3

			Hauptbestand									Peri-	
Alter	Stammzahl	Stammgrundfläche	Mittelhöhe	Jährlicher Zuwachs der Mittelhöhe		Mittlerer Durchmesser	Masse			Formzahl		Stammzahl	Stammgrundfläche
				laufender	durchschnittlicher		Derbholz	Reisholz	Derb- und Reisholz	Derbholz	Baum		
Jahre		qm	m			cm	fm						qm

II. Ertrags-

Alter	Stammzahl	Stammgrundfläche	Mittelhöhe	laufender	durchschnittlicher	Mittlerer Durchmesser	Derbholz	Reisholz	Derb- und Reisholz	Derbholz	Baum	Stammzahl	Stammgrundfläche
10	—	—	2,7	0,37	0,27	—	—	—	—	—	—	—	—
15	—	12,3	4,8	0,43	0,32	6,0	18	68	86	305	1,458	—	—
20	4574	19,5	7,6	0,43	0,35	7,4	49	76	125	359	0,919	—	—
25	3744	23,5	9,1	0,41	0,36	8,9	81	81	162	383	757	830	3,0
30	3084	26,5	11,1	0,37	0,37	10,5	116	81	197	398	670	660	3,6
35	2546	28,7	12,8	0,32	0,37	11,9	153	77	230	418	628	538	3,9
40	2126	30,4	14,3	0,29	0,36	13,5	191	69	260	439	597	420	4,0
45	1792	31,9	15,7	0,27	0,35	15,1	225	62	287	449	574	334	3,8
50	1525	33,2	17,0	0,25	0,34	16,7	256	58	314	454	556	267	3,4
55	1313	34,3	18,2	0,23	0,33	18,3	284	54	338	455	541	212	3,0
60	1143	35,2	19,3	0,21	0,32	19,8	310	51	361	456	530	170	2,5
65	1005	36,0	20,3	0,19	0,31	21,4	334	50	384	457	525	138	2,1
70	890	36,7	21,2	0,18	0,30	22,9	356	50	406	458	521	115	1,9
75	794	37,2	22,1	0,17	0,29	24,4	376	50	426	458	517	96	1,7
80	714	37,6	22,9	0,16	0,29	25,9	394	50	444	458	513	80	1,6
85	647	37,9	23,7	0,15	0,28	27,3	410	50	460	457	511	67	1,4
90	591	38,1	24,4	0,14	0,27	28,6	424	50	474	456	509	56	1,3
95	544	38,3	25,1	0,13	0,26	29,9	437	50	487	455	507	47	1,2
100	505	38,4	25,7	0,12	0,26	31,1	449	50	499	455	506	39	1,1
105	473	38,5	26,3	0,12	0,25	32,2	461	49	510	456	505	32	1,0
110	446	38,6	26,9	0,11	0,24	33,2	472	49	521	456	505	27	0,9
115	424	38,7	27,4	0,10	0,24	34,1	483	49	532	456	504	22	0,9
120	406	38,8	27,9	0,09	0,23	34,9	493	49	542	456	503	18	0,8
125	391	38,9	28,3	0,08	0,23	35,6	502	49	551	456	502	15	0,8
130	379	39,0	28,7	0,07	0,22	36,2	511	49	560	456	502	12	0,7
135	369	39,1	29,0	0,06	0,21	36,7	519	49	568	457	501	10	0,7
140	361	39,1	29,3	0,05	0,21	37,1	526	49	575	458	501	8	0,7

III. Ertrags-

Alter	Stammzahl	Stammgrundfläche	Mittelhöhe	laufender	durchschnittlicher	Mittlerer Durchmesser	Derbholz	Reisholz	Derb- und Reisholz	Derbholz	Baum	Stammzahl	Stammgrundfläche
10	—	—	1,7	0,27	0,17	—	—	—	—	—	—	—	—
15	—	—	3,4	0,36	0,23	—	7	61	68	—	—	—	—
20	—	16,2	5,3	0,38	0,26	6,3	28	68	96	325	1,118	—	—

odischer Abgang			Summe der Vorerträge		Hauptbestand und periodischer Abgang				Massenzuwachs								Alter
Masse					Gesammt-masse		Per. Abgang in % der Ge-sammtmasse		durchschnittlicher jährlicher				laufender jährlicher				
									des Haupt-bestandes		der Ge-sammtmasse		der Gesammtmasse				
Derb-holz	Reis-holz	Derb- und Reisholz	Derb-holz	Derb- und Reisholz	Derb-holz	Derb- und Reisholz	Derb-holz	Derb- und Reisholz	Derb-holz	Derb- und Reisholz	Derb-holz	Derb- und Reisholz	Derbholz		Derb- und Reisholz		
fm					fm		%		fm				fm	%	fm	%	Jahre

klasse.

Derb-holz	Reis-holz	Derb- u. R.	Vorertr. Derb	Vorertr. D.u.R.	Ges. Derb	Ges. D.u.R.	Per % Derb	Per % D.u.R.	Hptb. Derb	Hptb. D.u.R.	Ges. Derb	Ges. D.u.R.	lauf. Derb fm	lauf. Derb %	lauf. D.u.R. fm	lauf. D.u.R. %	Alter
—	—	—	—	—	—	—	—	—	—	—	—	—	—	—	—	—	10
—	—	—	—	—	18	86	—	—	1,2	5,7	1,2	5,7	—	—	—	—	15
—	—	—	—	—	49	125	—	—	2,4	6,2	2,4	6,2	6,5	34,4	8,4	9,1	20
2	6	8	2	8	83	170	2,4	4,7	3,2	6,5	3,3	6,8	7,6	13,9	9,5	7,2	25
7	8	15	9	23	125	220	7,2	10,5	3,9	**6,6**	4,2	7,3	9,1	10,4	10,4	6,2	30
12	9	21	21	44	174	274	12,1	16,1	4,4	**6.6**	5,0	7,8	10,2	8,5	**10,7**	5,5	35
15	8	23	36	67	227	327	15,9	20,5	4,8	6,5	5,7	8,2	**10,4**	6,9	10,4	4,6	40
17	7	24	53	91	278	378	19,1	24,1	5,0	6,4	6,2	8,4	10,0	5,3	10,1	3,9	45
18	5	23	71	114	327	428	21,7	26,0	5,1	6,3	6,5	8,6	9,5	4,4	9,6	3,5	50
18	4	22	89	136	373	474	23,9	28,7	**5,2**	6,1	6,8	8,6	8,9	3,6	9,0	2,9	55
17	4	21	106	157	416	518	25,5	30,3	**5,2**	6,0	6,9	**8,6**	8,4	3,0	8,7	2,6	60
17	3	20	123	177	457	561	26,9	31,6	5,1	5,9	7,0	8,6	7,9	2,6	8,4	2,4	65
16	3	19	139	196	495	602	28,1	32,6	5,1	5,8	**7,1**	8,6	7,4	2,3	7,9	2,1	70
16	2	18	155	214	531	640	29,2	33,4	5,0	5,7	**7,1**	8,5	6,9	2,0	7,3	2,0	75
15	2	17	170	231	564	675	30,2	34,2	4,9	5,5	7,0	8,4	6,4	1,8	6,8	1,6	80
15	2	17	185	248	595	708	31,1	35,0	4,8	5,4	7,0	8,3	5,9	1,6	6,3	1,5	85
14	2	16	199	264	623	738	32,0	35,8	4,7	5,3	6,9	8,2	5,4	1,4	5,7	1,3	90
13	1	14	212	278	649	765	32,7	36,3	4,6	5,1	6,8	8,0	5,0	1,2	5,2	1,1	95
12	1	13	224	291	673	790	33,3	36,8	4,5	5,0	6,7	7,9	4,7	1,1	4,8	1,0	100
11	1	12	235	303	696	813	33,8	37,3	4,4	4,9	6,6	7,7	4,4	1,0	4,5	0,9	105
10	1	11	245	314	717	835	34,2	37,6	4,3	4,7	6,5	7,6	4,1	0,9	4,3	0,9	110
9	1	10	254	324	737	856	34,5	37,9	4,2	4,6	6,4	7,4	3,9	0,8	4,1	0,8	115
9	1	10	263	334	756	876	34,8	38,1	4,1	4,5	6,3	7,3	3,7	0,8	3,9	0,8	120
9	1	10	272	344	774	895	35,1	38,4	4,0	4,4	6,2	7,2	3,5	0,7	3,7	0,7	125
8	1	9	280	353	791	913	35,4	38,7	3,9	4,3	6,1	7,0	3,3	0,7	3,5	0,7	130
8	1	9	288	362	807	930	35,7	39,0	3,8	4,2	6,0	6,9	3,1	0,6	3,3	0,6	135
8	1	9	296	371	822	946	36,0	39,2	3,8	4,1	5,9	6,8	2,9	0,6	3,1	0,6	140

klasse.

Derb-holz	Reis-holz	Derb- u. R.	Vorertr. Derb	Vorertr. D.u.R.	Ges. Derb	Ges. D.u.R.	Per % Derb	Per % D.u.R.	Hptb. Derb	Hptb. D.u.R.	Ges. Derb	Ges. D.u.R.	lauf. Derb fm	lauf. Derb %	lauf. D.u.R. fm	lauf. D.u.R. %	Alter
—	—	—	—	—	—	—	—	—	—	—	—	—	—	—	—	—	10
—	—	—	—	—	7	68	—	—	0,5	4,5	0,5	4,5	—	—	—	—	15
—	—	—	—	—	28	96	—	—	1,4	4,8	1,4	4,8	4,6	60,0	5,7	8,2	20

3 *

Alter	Stamm-zahl	Stamm-grund-fläche	Mittel-höhe	Jährlicher Zuwachs der Mittelhöhe		Mitt-lerer Durch-messer	Masse			Formzahl		Stamm-zahl	Stamm-grund-fläche
				laufen-der	durch-schnitt-licher		Derb-holz	Reis-holz	Derb- und Reis-holz	Derb-holz	Baum		
Jahre		qm	m			cm	fm						qm

III. Ertragsklasse

Alter	Stammzahl	Stammgrundfläche	Mittelhöhe	laufender	durchschnittlicher	Mittl. Durchm.	Derbholz	Reisholz	Derb- und Reisholz	Formzahl Derbholz	Baum	Stammzahl	Stammgrundfläche
25	4841	20,8	7,2	0,36	0,29	7,4	53	72	125	354	1,833	—	—
30	3986	23,7	8,9	0,32	0,30	8,7	80	75	155	380	0,735	855	1,5
35	3281	25,9	10,4	0,28	0,30	10,0	109	75	184	405	685	705	2,5
40	2695	27,7	11,7	0,25	0,29	11,5	140	72	212	432	653	586	3,0
45	2233	29,2	12,9	0,23	0,29	12,9	170	65	235	452	626	462	3,1
50	1875	30,3	14,0	0,21	0,28	14,4	197	59	256	465	604	358	3,1
55	1604	31,3	15,0	0,19	0,27	15,8	221	54	275	471	586	271	2,9
60	1396	32,1	15,9	0,18	0,26	17,1	242	51	293	475	574	208	2,3
65	1232	32,8	16,8	0,17	0,26	18,4	261	49	310	474	563	164	2,0
70	1096	33,4	17,6	0,16	0,25	19,7	278	48	326	473	553	136	1,8
75	981	33,9	18,4	0,16	0,24	21,0	293	48	341	470	545	115	1,6
80	883	34,3	19,2	0,15	0,24	22,2	307	48	355	466	534	98	1,5
85	800	34,6	19,9	0,14	0,23	23,5	320	48	368	465	534	83	1,3
90	730	34,8	20,6	0,14	0,23	24,7	332	48	380	464	530	70	1,2
95	671	34,9	21,3	0,13	0,22	25,8	343	48	391	463	526	59	1,1
100	621	35,0	21,9	0,12	0,22	26,8	354	47	401	463	524	50	1,0
105	579	35,0	22,5	0,12	0,21	27,8	364	47	411	463	522	42	0,9
110	544	35,1	23,1	0,11	0,21	28,7	374	47	421	463	521	35	0,8
115	515	35,1	23,6	0,10	0,20	29,5	384	47	431	464	520	29	0,8
120	491	35,2	24,1	0,10	0,20	30,2	393	47	440	464	520	24	0,7
125	471	35,2	24,6	0,09	0,20	30,9	402	47	449	465	520	20	0,7
130	454	35,3	25,0	0,07	0,19	31,5	410	47	457	466	519	17	0,6

IV. Ertrags-

Alter	Stammzahl	Stammgrundfläche	Mittelhöhe	laufender	durchschnittlicher	Mittl. Durchm.	Derbholz	Reisholz	Derb- und Reisholz	Formzahl Derbholz	Baum	Stammzahl	Stammgrundfläche
25	—	17,2	5,2	0,29	0,21	6,2	25	62	87	280	974	—	—
30	5075	20,7	6,6	0,27	0,22	7,2	46	64	110	340	803	—	0,8
35	4250	23 2	7,9	0,25	0,23	8,3	71	65	136	388	743	825	1,6
40	3541	25,0	9,1	0,23	0,23	9,5	95	64	159	418	701	709	2,3
45	2954	26,3	10,2	0,21	0,23	10,6	118	61	179	441	668	587	2,5
50	2481	27,3	11,2	0,19	0,22	11,8	139	57	196	454	640	473	2,3
55	2110	28,1	12,1	0,17	0,22	13,0	158	53	211	465	621	371	2,0
60	1828	28,8	12,9	0,15	0,21	14,2	175	50	225	472	607	282	1,8

odischer Abgang			Summe der Vorerträge		Hauptbestand und periodischer Abgang				Massenzuwachs								Alter
Masse					Gesammtmasse		Per. Abgang in % der Gesammtmasse		durchschnittlicher jährlicher				laufender jährlicher				
									des Hauptbestandes		der Gesammtmasse		der Gesammtmasse				
Derb-holz	Reis-holz	Derb- und Reisholz	Derb-holz	Derb- und Reisholz	Derb-holz	Derb- und Reisholz	Derb-holz	Derb- und Reisholz	Derb-holz	Derb- und Reisholz	Derb-holz	Derb- und Reisholz	Derbholz		Derb- und Reisholz		
fm					fm		%		fm				fm	%	fm	%	Jahre
—	—	—	—	—	53	125	—	—	2,1	5,0	2,1	5,0	5,3	17,9	6,3	6,0	25
1	3	4	1	4	81	159	1,2	2,5	2,7	5,2	2,7	5,3	5,9	10,6	7,0	5,4	30
2	5	7	3	11	112	195	2,7	5,7	3,1	**5,3**	3,2	5,6	6,9	7,7	7,7	4,6	35
7	6	13	10	24	150	236	6,7	10,2	3,5	**5,3**	3,7	5,9	7,9	7,0	**8,1**	4,5	40
11	6	17	21	41	191	276	11,0	14,9	3,8	5,2	4,2	6,1	**8,0**	5,9	7,8	3,8	45
12	5	17	33	58	230	314	14,4	18,5	3,9	5,1	4,6	6,3	7,6	4,6	7,4	3,2	50
13	4	17	46	75	267	350	17,2	21,4	4,0	5,0	4,8	6,4	7,1	3,8	7,0	2,8	55
13	3	16	59	91	301	384	19,6	23,7	**4,0**	4,9	5,0	**6,4**	6,5	3,1	6,6	2,5	60
12	3	15	71	106	332	416	21,4	25,5	**4,0**	4,8	5,1	**6,4**	6,0	2,6	6,2	2,2	65
12	2	14	83	120	361	446	23,0	26,9	4,0	4,7	5,2	6,4	5,6	2,2	5,9	1,9	70
12	2	14	95	134	388	475	24,5	28,2	3,9	4,5	**5,2**	6,3	5,2	1,9	5,6	1,8	75
11	2	13	106	147	413	502	25,7	29,3	3,8	4,4	5,2	6,3	4,9	1,7	5,3	1,6	80
11	2	13	117	160	437	528	26,8	30,3	3,8	4,3	5,1	6,2	4,6	1,6	5,0	1,5	85
10	2	12	127	172	459	552	27,7	31,2	3,6	4,2	5,1	6,1	4,3	1,4	4,6	1,3	90
10	1	11	137	183	480	574	28,6	31,9	3,6	4,1	5,0	6,0	4,1	1,3	4,2	1,2	95
9	1	10	146	193	500	594	29,2	32,5	3,5	4,0	5,0	5,9	3,9	1,2	4,0	1,0	100
9	1	10	155	203	519	614	29,9	33,1	3,5	3,9	4,9	5,8	3,7	1,1	3,9	1,0	105
8	1	9	163	212	537	633	30,4	33,5	3,4	3,8	4,9	5,8	3,5	1,0	3,7	0,9	110
7	1	8	170	220	554	651	30,7	33,8	3,3	3,7	4,8	5,7	3,3	0,9	3,5	0,9	115
7	1	8	177	228	570	668	31,1	34,1	3,3	3,7	4,7	5,6	3,1	0,8	3,3	0,8	120
6	1	7	183	235	585	684	31,3	34,4	3,2	3,6	4,7	5,5	2,9	0,8	3,1	0,7	125
6	1	7	189	242	599	699	31,6	34,6	3,2	3,5	4,6	5,4	2,7	0,7	2,9	0,7	130

klasse.

—	—	—	—	—	25	87	—	—	1,0	3,5	1,0	3,5	3,8	42,4	4,6	7,2	25
—	—	—	—	—	46	110	—	—	1,5	3,7	1,5	3,7	4,8	16,8	5,5	5,2	30
2	4	6	2	6	73	142	2,7	4,2	2,0	3,9	2,1	4,1	5,5	11,7	5,8	5,8	35
4	5	9	6	15	101	174	5,9	8,9	2,4	**4,0**	2,5	4,2	**5,7**	7,9	6,3	5,8	40
6	5	11	12	26	130	205	9,2	12,7	2,6	**4,0**	2,9	4,6	**5,7**	6,1	**6,5**	4,6	45
7	4	11	19	37	158	233	12,0	15,9	2,8	3,9	3,2	4,7	5,4	4,7	5,3	3,1	50
7	3	10	26	47	184	258	14,1	18,2	2,9	3,8	3,3	4,7	5,1	3,7	4,9	2,5	55
8	2	10	34	57	209	282	16,3	20,2	2,9	3,7	3,5	**4,7**	4,8	3,2	4,7	2,3	60

	Hauptbestand											Peri-	
Alter	Stamm-zahl	Stamm-grund-fläche	Mittel-höhe	Jährlicher Zuwachs der Mittelhöhe		Mitt-lerer Durch-messer	Masse			Formzahl		Stamm-zahl	Stamm-grund-fläche
				laufen-der	durch-schnitt-licher		Derb-holz	Reis-holz	Derb-und Reis-holz	Derb-holz	Baum		
Jahre		qm		m		cm	fm						qm

IV. Ertragsklasse

Alter	Stammzahl	Stammgrundfläche	Mittelhöhe	laufender	durchschnittlicher	Mittlerer Durchmesser	Derbholz	Reisholz	Derb- und Reisholz	Derbholz	Baum	Stammzahl	Stammgrundfläche
65	1603	29,3	13,6	0,14	0,21	15,3	190	48	238	478	596	225	1,5
70	1420	29,7	14,3	0,13	0,20	16,4	203	47	250	480	588	183	1,3
75	1267	30,0	14,9	0,12	0,20	17,4	215	46	261	481	582	153	1,2
80	1137	30,3	15,5	0,12	0,19	18,4	226	45	271	481	577	130	1,2
85	1027	30,5	16,1	0,12	0,19	19,4	236	45	281	481	572	110	1,1
90	934	30,6	16,7	0,12	0,19	20,4	245	45	290	480	567	93	1,0
95	855	30,7	17,3	0,12	0,18	21,4	254	45	299	478	562	79	0,9
100	788	30,8	17,9	0,12	0,18	22,3	262	45	307	476	557	67	0,8
105	731	30,8	18,5	0,11	0,18	23,2	269	45	314	473	552	57	0,8
110	683	30,8	19,0	0,10	0,17	24,0	276	44	320	472	547	48	0,7
115	643	30,9	19,5	0,10	0,17	24,7	283	44	327	470	543	40	0,6
120	610	30,9	20,0	0,09	0,17	25,4	289	44	333	469	540	33	0,6
125	583	30,9	20,4	0,08	0,16	26,0	205	44	339	468	537	27	0,6
130	561	30,9	20,8	0,07	0,16	26,5	300	44	344	467	535	22	0,5

V. Ertrags-

Alter	Stammzahl	Stammgrundfläche	Mittelhöhe	laufender	durchschnittlicher	Mittlerer Durchmesser	Derbholz	Reisholz	Derb- und Reisholz	Derbholz	Baum	Stammzahl	Stammgrundfläche
25	—	13,3	3,4	0,23	0,14	5,2	4	45	49	89	1,084	—	—
30	—	17,5	4,5	0,21	0,15	5,9	14	46	60	178	0,763	—	—
35	—	20,5	5,5	0,19	0,16	6,7	28	48	76	248	673	—	0,3
40	4998	22,4	6,4	0,17	0,16	7,5	43	50	93	301	656	—	1,0
45	4316	23,5	7,2	0,15	0,16	8,3	59	50	109	349	651	682	1,4
50	3634	24,1	7,9	0,14	0,16	9,2	74	49	123	385	648	682	1,4
55	3040	24,4	8,6	0,13	0,16	10,2	88	47	135	419	646	594	1,3
60	2559	24,6	9,2	0,12	0,15	11,1	100	46	146	443	644	481	1,1
65	2191	24,8	9,8	0,12	0,15	12,0	111	45	156	459	640	368	1,0
70	1916	25,0	10,4	0,12	0,15	12,9	121	44	165	467	635	275	0,9
75	1701	25,1	11,0	0,12	0,15	13,7	130	43	173	471	628	215	0,8
80	1526	25,1	11,6	0,11	0,14	14,5	138	42	180	474	621	175	0,8
85	1379	25,2	12,1	0,10	0,14	15,3	145	42	187	476	613	147	0,7
90	1252	25,2	12,6	0,10	0,14	16,1	152	41	193	478	606	127	0,7
95	1140	25,3	13,1	0,09	0,14	16,9	158	41	199	478	602	112	0,7
100	1041	25,3	13,5	0,08	0,13	17,7	164	40	204	480	600	99	0,6
105	954	25,3	13,9	0,08	0,13	18,4	170	40	210	481	599	87	0,6
110	877	25,3	14,3	0,07	0,13	19,1	175	39	214	483	598	77	0,5

odischer Abgang					Hauptbestand und periodischer Abgang				Massenzuwachs								Alter
Masse			Summe der Vorerträge		Gesammtmasse		Per. Abgang in % der Gesammtmasse		durchschnittlicher jährlicher				laufender jährlicher				
									des Hauptbestandes		der Gesammtmasse		der Gesammtmasse				
Derbholz	Reisholz	Derb- und Reisholz	Derbholz	Derb- und Reisholz	Derbholz	Derb- und Reisholz	Derbholz	Derb- und Reisholz	Derbholz	Derb- und Reisholz	Derbholz	Derb- und Reisholz	Derbholz		Derb- und Reisholz		
fm					fm		%		fm				fm	%	fm	%	Jahre
(Fortsetzung).																	
8	2	10	42	67	232	305	18,1	22,0	**2,9**	3,7	3,6	4,7	4,4	2,6	4,5	2,0	65
8	2	10	50	77	253	327	19,8	23,6	2,9	3,6	3,6	4,7	4,0	2,2	4,2	1,9	70
7	2	9	57	86	272	347	21,0	24,8	2,9	3,5	3,6	4,6	3,7	1,9	3,9	1,6	75
7	2	9	64	95	290	366	22,1	26,0	2,8	3,4	**3,6**	4,6	3,5	1,7	3,7	1,5	80
7	1	8	71	103	307	384	23,1	26,8	2,8	3,3	3,6	4,5	3,3	1,5	3,5	1,3	85
7	1	8	78	111	323	401	24,2	27,7	2,7	3,2	3,6	4,5	3,1	1,4	3,3	1,2	90
6	1	7	84	118	338	417	24,9	28,3	2,7	3,1	3,6	4,4	2,9	1,2	3,1	1,1	95
6	1	7	90	125	352	432	25,6	28,9	2,6	3,1	3,5	4,3	2,7	1,1	2,9	1,0	100
6	1	7	96	132	365	446	26,3	29,6	2,6	3,0	3,5	4,2	2,6	1,0	2,7	0,9	105
6	1	7	102	139	378	459	27,0	30,3	2,5	2,9	3,4	4,2	2,5	1,0	2,6	0,8	110
5	1	6	107	145	390	472	27,5	30,7	2,5	2,8	3,4	4,1	2,3	0,9	2,5	0,8	115
5	1	6	112	151	401	484	27,9	31,2	2,4	2,8	3,3	4,0	2,2	0,8	2,4	0,7	120
5	1	6	117	157	412	496	28,4	31,7	2,4	2,7	3,3	4,0	2,0	0,8	2,2	0,7	125
4	1	5	121	162	421	506	28,7	32,0	2,3	2,6	3,2	3,9	1,9	0,6	2,0	0,6	130
klasse.																	
—	—	—	—	—	4	49	—	—	0,2	2,0	0,2	2,0	—	—	—	—	25
—	—	—	—	—	14	60	—	—	0,5	2,0	0,5	2,0	2,4	50,0	2,7	6,5	30
—	—	—	—	—	28	76	—	—	0,8	2,2	0,8	2,2	2,9	20,0	3,3	5,3	35
—	—	—	—	—	43	93	—	—	1,1	2,3	1,1	2,3	3,2	10,7	3,7	4,4	40
1	3	4	1	4	60	113	1,7	3,5	1,3	2,4	1,3	2,5	**3,3**	7,9	**3,8**	4,2	45
1	3	4	2	8	76	131	2,6	6,1	1,5	**2,5**	1,5	2,6	3,5	5,4	3,4	3,3	50
2	2	4	4	12	92	147	4,3	8,2	1,6	**2,5**	1,7	2,7	3,6	4,3	3,1	2,6	55
2	2	4	6	16	106	162	5,7	9,9	1,7	2,4	1,8	**2,7**	2,7	3,2	2,9	2,2	60
2	2	4	8	20	119	176	6,7	11,4	1,7	2,4	1,8	**2,7**	2,5	2,6	2,6	1,9	65
2	1	3	10	23	131	188	7,6	12,2	1,7	2,4	1,9	2,7	2,3	2,2	2,3	1,5	70
2	1	3	12	26	142	199	8,4	13,1	**1,7**	2,3	1,9	2,6	2,1	1,8	2,1	1,3	75
2	1	3	14	29	152	209	9,2	13,9	**1,7**	2,2	1,9	2,6	1,9	1,5	2,0	1,1	80
2	1	3	16	32	161	219	9,9	14,6	1,7	2,2	1,9	2,6	1,8	1,3	1,9	1,1	85
2	1	3	18	35	170	228	10,6	15,4	1,7	2,1	1,9	2,5	1,8	1,2	1,8	1,0	90
3	—	3	21	38	179	237	11,7	16,1	1,7	2,1	1,9	2,5	1,8	1,2	1,7	0,9	95
3	—	3	24	41	188	245	12,8	16,7	1,6	2,0	1,9	2,4	1,8	1,1	1,7	0,8	100
3	—	3	27	44	197	254	13,7	17,3	1,6	2,0	1,9	2,4	1,7	1,1	1,6	0,8	105
3	—	3	30	47	205	261	14,6	18,0	1,6	1,9	1,9	2,4	1,7	0,9	1,6	0,7	110

III. Ergebnisse.

Bei der ersten Bearbeitung meiner Kiefernertragstafeln habe ich im Anschluss an die Vereinbarung des Vereines deutscher forstlicher Versuchsanstalten die Ertragsklassen durch den Massenvorrath im Alter 100 charakterisirt. Die Wachsthumsverhältnisse der Kiefer in Norddeutschland haben mich jedoch gezwungen, hinsichtlich der massgebenden Grössen vom Vereinsbeschluss abzuweichen und für die verschiedenen Ertragsklassen den Vorrath von: 600, 500, 400, 300 und 200 fm an Gesammtmasse im 100jährigen Alter statt eines solchen von: 700, 550, 420, 300 und 200 fm zu Grunde zu legen.

Von dieser Gesammtmasse ausgehend gelangte ich damals durch Abzug der Reisholzmasse zu einem Derbholzvorrath von: 543, 449, 353, 257 und 160 fm.

Wie oben in Capitel II gezeigt wurde, habe ich jetzt den umgekehrten Weg eingeschlagen und die Derbholzmasse als Ausgangspunkt benutzt. Da nun aber sowohl die Derbholzcurven geringfügige Correcturen erfuhren, als auch Aenderungen der Reisholzmassen nothwendig waren, so mussten diese Zahlen etwas verschoben werden. Die Verlegung der Gesammtmassencurven in die seinerzeit für das Alter 100 angenommenen Punkte wäre zwar möglich gewesen, allein diese lediglich „Schönheitszwecken" dienende Arbeit hätte bei dem damaligen Stand der Arbeit so erhebliche und doch wissenschaftlich wie praktisch gleich zwecklose Umrechnungen erfordert, dass ich vorzog, hiervon Abstand zu nehmen.

Die Massen für das 100jährige Alter sind demnach nunmehr:

		Derbholz	Reisholz	Gesammtmasse
Ertragsklasse	I	541 fm	51 fm	592 fm
„	II	449 „	50 „	499 „
„	III	354 „	47 „	401 „
„	IV	262 „	45 „	307 „
„	V	164 „	40 „	204 „

Die Gesammtmassenerzeugung beträgt auf das 130-(110)jährige Alter bezogen für:

	Derbholz	Derb- u. Reisholz
Ertragsklasse I	941 fm	1086 fm
„ II	791 „	913 „
„ III	599 „	699 „
„ IV	421 „	506 „
„ V (110jährig)	205 „	261 „

Von dieser Gesammtwachsthumsleistung wird jedoch ein sehr erheblicher Procentsatz im Laufe des Bestandeslebens in den manigfachen Formen des periodischen Abgangs ausgeschieden. Letzterer beträgt vom Gesammtzuwachs bis zum 130-(110)jährigen Alter:

	Derbholz	Derb- u Reisholz
Ertragsklasse I	35,3 %	39,3 %
„ II	35,4 „	38,7 „
„ III	31,6 „	34,6 „
„ IV	28,7 „	32,0 „
„ V (110jährig)	14,6 „	18,0 „

Besonderes Interesse dürfte eine nähere Untersuchung der Durchforstungsmassen bieten, wie sie sich nun nach den langjährigen Ermittlungen und, mit Einschluss der Arbeit von Weise, der bereits dreifachen Berechnung stellen.

Die Gesammtmassen des periodischen Abganges betrugen im 120jährigen bezw. 100jährigen Alter nach meinen Ermittlung vom Jahre 1889 bezw. 1896:

		Derbholz	Reisholz	Derb- u. Reisholz zusammen
Ertragskl. I (120jähr.)	1889	286	44	330
	1896	312	93	405
„ II (120jähr.)	1889	254	46	300
	1896	263	71	334
„ III (120jähr.)	1889	213	50	263
	1896	177	51	228
„ IV (120jähr.)	1889	158	47	205
	1896	112	49	151
„ V (100jähr.)	1889	66	33	99
	1896	24	17	41

Der Hauptunterschied beider Arbeiten liegt in den Reisholzmassen, welche nun mit den geänderten Baumformzahlen berechnet, erheblich grössere Beträge in der I. u. II. Ertragsklasse,

geringere in der V. aufweist, während die III. u. IV. Ertragsklasse fast unverändert geblieben sind. Die neuen Zahlen dürften
indessen den thatsächlichen Verhältnissen besser entsprechen wie
die alten, wenn man sich vergegenwärtigt, welch' grosse Massen
von Reisholz aus den besten Ertragsklassen im Jugendstadium
ausscheiden.

Da die Reisholzmassen der Zwischennutzungen ihrer Haupt-
masse nach heute noch ungenutzt im Bestande zurückbleiben, so
bieten diese Zahlen vorwiegend nur wissenschaftliches Interesse.

Aber auch die practisch ungleich wichtigeren Derbholzmassen des periodischen Abganges zeigen nunmehr gegen die
erste Bearbeitung verschiedene nicht unwesentliche Abweichungen:
Fast unverändert ist die II. Ertragsklasse geblieben, die I. Ertragsklasse ist etwas erhöht, die geringeren Klassen sind dagegen,
in nach unten verstärktem Maasse, erniedrigt worden.

Wie ich oben angeführt, bleiben meine neueren Zahlen theilweise erheblich hinter den thatsächlich auf den Versuchsflächen
seit der letzten Aufnahme 1887/88 gefundenen Zwischennutzungs-
massen zurück, doch können diese in Folge der abnormen
Witterungsverhältnisse nicht als vollständig massgebend betrachtet
werden.

Sie erreichen aber auch jetzt nach ihrer Aenderung nicht
den von Weise angenommenen Betrag und entsprechen noch
den von Wimmenauer auf ganz anderem Wege gefundenen
Zahlen für das Minimum der Durchforstungserträge[1]).

Die Abänderungen meiner früheren Ertragstafel sind durch
die sorgfältigen Beobachtungen in der Zwischenzeit und namentlich
durch die nach meiner Methode ermöglichten genauen Berechnung
der Massen und massenbildenden Factoren des periodischen
Abganges bedingt.

Unter diesen Umständen glaube ich, dass die von mir jetzt
gegebenen Zahlen Anspruch auf volle Zuverlässigkeit erheben
dürfen.

Der Einwand, dass diese Beträge in der Praxis aus verschiedenen Gründen nicht erreicht würden, kann gegen eine
wissenschaftliche Arbeit, welche den thatsächlichen Wachsthumsgang zu ermitteln hat, überhaupt nicht geltend gemacht
werden.

---

[1]) Wimmenauer, Mittelstamm-, Baum- und Bestandes-Formzahl,
Tharandter forstliches Jahrbuch, 1890 S. 164.

Wenn man aber berücksichtigt, dass die Bestände niemals auf grossen Flächen den Schlussgrad der Versuchsbestände aufweisen, so wird mit Rücksicht hierauf auch eine verhältnissmässige Erniedrigung der tafelmässigen Ansätze um durchschnittlich 10—15 % erforderlich, wodurch sich Beträge ergeben, welche bei gut geleitetem Durchforstungsbetrieb auch in der grossen Praxis erzielt werden.

Bei meinen Reisen habe ich den Eindruck gewonnen, dass man da, wo Absatz für Grubenholz vorhanden ist, über dieses Maass nicht selten sogar hinausgeht und Erträge erhält, welche meinen Angaben mindestens gleich kommen.

Das Maximum des Derbholzanfalles an periodischem Abgang wird für die verschiedenen Ertragsklassen erreicht mit:

		fm	im Decennium
Ertragsklasse	I	46	41—50
„	II	36	45—55
„	III	26	51—60
„	IV	16	61—70
„	V	6	91—100

Bezüglich des Verhältnisses der Massenproduction zum periodischen Abgang giebt die Tabelle III Aufschluss. Hiernach ist dieses in allen Ertragsklassen mit Ausnahme der geringsten ein sehr gleichmässiges, indem etwa vom 50. Jahre an stets ziemlich genau die Hälfte der Gesammtproduction wieder in Form von Zwischennutzungen aus dem Wald entnommen wird, die Mehrung der Hauptbestandsmasse beträgt demnach nur annähernd 50 % des thatsächlich erfolgten Zuwachses. In den jüngeren Altersklassen (und ebenso in der V. Ertragsklasse bis zum 110. Jahre durchweg) ist dieser Antheil grösser, in den höchsten Stufen vom 120. Jahre an nimmt dagegen der Procentsatz des periodischen Abganges zu, um späterhin schliesslich den Zuwachs zu übersteigen und so eine Auslichtung der Bestände herbeizuführen.   (Siehe Tabelle III S. 44.)

Die Reisholzmassen des Hauptbestandes sind nach den Ergebnissen der wiederholten Aufnahmen in den höheren Altersstufen gegen früher etwas erniedrigt worden, haben aber sonst keine nennenswerthen Abänderungen erfahren, dagegen hat sich die Reisholzmasse des periodischen Abganges infolge der Erhöhung der Baumformzahlen in den besseren Ertragsklassen nicht unerheblich gesteigert.

Tabelle III. **Verhältniss des periodischen Abgangs an Masse (Derb- u. Reisholz) zum Gesammtzuwachs.**

Im Jahrzehnt	Ertr.-Kl. I			Ertr.-Kl. II			Ertr.-Kl. III			Ertr.-Kl. IV			Ertr.-Kl. V		
	Gesammt-zuwachs	Hiervon beträgt		Gesammt-zuwachs	Hiervon beträgt		Gesammt-zuwachs	Hiervon beträgt		Gesammt-zuwachs	Hiervon beträgt		Gesammt-zuwachs	Hiervon beträgt	
		periodisch. Abgang	Mehrung d. Hauptbest.		periodisch. Abgang	Mehrung d. Hauptbest.		periodisch. Abgang	Mehrung d. Hauptbest.		periodisch. Abgang	Mehrung d. Hauptbest.		periodisch. Abgang	Mehrung d. Hauptbest.
	fm	%	%	fm	%	%	fm	%	%	fm	%	%	fm	%	%
20—30	126	30	70	95	34	66	63	6	94	—	—	—	—	—	—
31—40	130	33	67	107	41	59	77	36	64	66	23	77	—	—	—
41—50	124	48	52	101	46	54	78	44	56	76	28	72	49	16	84
51—60	108	48	52	90	48	52	70	47	53	49	41	59	31	26	74
61—70	92	46	54	84	56	44	62	47	53	45	44	56	26	27	73
71—80	78	45	55	73	58	42	56	48	52	39	46	54	21	28	72
81—90	68	47	53	63	53	47	50	50	50	35	46	54	19	31	69
91—100	58	51	49	52	52	48	42	50	50	31	47	53	17	35	65
101—110	53	51	49	45	51	49	39	50	50	27	48	52	16	37	63
111—120	46	52	48	41	52	48	35	46	54	25	49	51	—	—	—
121—130	41	54	46	37	53	47	31	45	55	22	50	50	—	—	—
131—140	37	54	46	33	55	45	—	—	—	—	—	—	—	—	—

Da für viele praktische Zwecke die Kenntniss des Reisholzprocentes erwünscht ist, so wird eine solche Tabelle für
den Hauptbestand hier beigefügt.

Tabelle IV. **Reisholzprocenttafel.**

Im Alter	entfallen auf je 100 fm Derbholz X fm Reisholz in Ertragsklasse				
	I	II	III	IV	V
30	52,5	69,9	93,7	139,0	336,0
40	28,1	36,1	51,4	67,4	117,0
50	18,8	22,7	29,9	41,1	66,2
60	14,5	16,5	21,1	28,6	46,0
70	12,3	14,1	17,3	23,2	36,4
80	10,9	12,7	15,7	19,9	30,5
90	10,2	11,8	14,5	18,4	27,0
100	9,5	11,0	13,3	17,2	24,4
110	9,0	10,4	12,6	16,0	22,3
120	8,5	9,9	12,0	15,2	—
130	8,2	9,6	11,5	14,7	—
140	8,0	9,4	—	—	—

Bezüglich der Vertheilung des Wachsthumganges
über die verschiedenen Altersstufen ist folgendes zu
bemerken:

Der laufendjährige Zuwachs kulminirt

		für Derbholz		für Derb- u. Reisholz	
		im Alter	mit	im Alter	mit
Ertragsklasse	I	35	12,4 fm	30	13,2 fm
„	II	40	10,4 „	35	10,7 „
„	III	45	8,0 „	45	8,1 „
„	IV	45	5,7 „	45	6,5 „
„	V	45	3,3 „	45	3,8 „

Der durchschnittlich-jährliche Zuwachs erreicht sein Maximum für

		für Derbholz		für Derb- u. Reisholz	
		im Alter	mit	im Alter	mit
Ertragsklasse	I	65	8,7 fm	55	10,9 fm
„	II	70	7,1 „	65	8,6 „
„	III	75	5,2 „	65	6,4 „
„	IV	80	4,6 „	65	4,7 „
„	V	80	1,9 „	65	2,7 „

Der laufendjährige Zuwachs des Derbholzes kulminirt demnach zwischen dem 35. und 45., der durchschnittlich-jährliche zwischen dem 65. und 80. Lebensjahr, für Derb- und Reisholz zusammen ist beim laufendjährigen Zuwachs ein nennenswerther Unterschied nicht festzustellen. Beim durchschnittlich-jährlichen Zuwachs tritt dagegen das Maximum etwa 10 Jahre früher ein, auch das Hinausrücken des Zeitpunktes der Kulmination in den geringeren Ertragsklassen lässt sich hier deutlicher verfolgen als dort.

Beim Vergleich der Zuwachsprocente der neuen Tafeln mit jenen der älteren zeigt sich ein nicht unwesentlicher Unterschied, namentlich in höheren Altersstufen. Der Grund hierfür ist aber wesentlich in der Methode der Berechnung zu suchen.

Früher hatte ich das mittlere Zuwachsprocent der zehnjährigen Perioden, berechnet nach der Formel $p = \dfrac{M-m}{M+m} \cdot \dfrac{200}{n}$, eingesetzt, in den neuen Tafeln ist dieses, ebenso wie ich es bereits in meiner Buchen-Ertragstafel gethan habe, nach der Formel: $p = \dfrac{100 \cdot Z}{m \cdot n}$ für die fünfjährigen Perioden mitgetheilt, wobei m die von Anfang der Periode vorhandene Hauptbestandsmasse, Z dagegen den periodischen Gesammtzuwachs darstellt.

Diese Rechnungsmethode wurde deshalb gewählt, weil sie den Bedürfnissen der Praxis besser entspricht, als die früher angewandte. Nunmehr harmoniren auch die tafelmässigen Procentsätze mit den Ergebnissen der durch Bohrung gefundenen Zahlen, während man die früher hervortretenden Unterschiede nicht selten als einen Beweis der Unbrauchbarkeit der Ertragstafeln überhaupt anzuführen pflegte.

Umgekehrt möchte ich nun meinerseits empfehlen, bei den taxatorischen Arbeiten die Angaben der Ertragstafeln mehr als üblich zu Rathe zu ziehen und weniger den Bohrungen zu vertrauen, da die genaue Messung der Zuwachsbreiten wegen der grossen Sorgfalt, welche das fehlerlose Zählen der oft nur mit der Lupe sichtbaren Jahresringe erfordert, erheblich schwieriger ist, als gewöhnlich angenommen wird und zahlreiche der in der üblichen Weise ermittelten Zuwachsprocente, ebenso wie die hierauf aufgebauten Zuwachsleistungen an Genauigkeit leider recht viel zu wünschen übrig lassen!

Die Zuwachsprocente im 120 bezw. 110jährigen Alter sind für

		Derbholz	Derb- u. Reisholz
Ertragsklasse	I	0,8	0,7
„	II	0,8	0,8
„	III	0,8	0,8
„	IV	0,8	0,7
„	V	0,9	0,7.

Das Zuwachsprocent ist demnach in allen Ertragsklassen beim üblichen Abschluss der Umtriebszeit für Derbholz gleichmässig 0,8 %, für Derb- und Reisholz 0,75 %. Der Grund für diese zunächst etwas auffallende Erscheinung liegt in dem späteren Eintreten, dafür aber auch längerer Ausdauer grössten Wachsthums für die geringeren Ertragsklassen, welches erst durch die neuen sorgfältigen Aufnahmen festgestellt worden ist.

Wie bereits oben erwähnt wurde, haben sich die wichtigsten Aenderungen bei der Neubearbeitung hinsichtlich der Kreisflächen und Formzahlen ergeben, welche auch die Veranlassung dazu waren, schon jetzt diese mühsame Arbeit in Angriff zu nehmen.

Die Formzahlen konnten deshalb als Grundlage für diesen Abschnitt in den Ertragstafeln benutzt werden, weil die Bestandesformzahlen für das Derbholz nach meinem Verfahren für die beiden letzten Aufnahmen mit der grössten Sorgfalt ermittelt worden waren und überhaupt der Entwicklung der Einzelstammformzahlen sowie der Ausgleichung der bei der Auswahl von Probestämmen unvermeidlichen Abnormitäten ganz besondere Aufmerksamkeit gewidmet worden war.

Sowohl die Betrachtung der Berechnungen für die einzelnen Flächen, als auch später die Vergleichung der aus den Bestandesformzahlen und Einzelstammformzahlen abgeleiteten Curven ergab mit voller Sicherheit, dass die Formzahl des Stammes der mittleren Kreisfläche von jener des Bestandes in den mittleren und jüngeren Lebensaltern erheblich abweicht, dass dagegen der Unterschied im höheren Lebensalter immer geringer wird.

Bei der Derbholzformzahl tritt schliesslich eine volle Uebereinstimmung hervor, während bei der Baumformzahl bis zum Schluss ein, wenn auch allerdings nur geringer Unterschied bestehen bleibt. Der Grund für dieses ganze Verhalten liegt in dem Ueberwiegen des Reisholzprocentes der geringeren Stammklassen.

Die Behauptung Speidel's[1]), dass die Bestandsformzahl gleich der Formzahl des Schaftmassen-Mittelstammes sei, welch' letzterer seinerseits als Stärkemittelstamm angenommen werden könne, muss daher in dieser Allgemeinheit für die Kiefer als unzutreffend bezeichnet werden.

Den näheren Beweis für diese Behauptung behalte ich einer besonderen Publikation vor, da zu diesem Zweck die Mittheilung der Originalzahlen erforderlich ist, was weder mit den Aufgaben noch mit dem Umfang der vorliegenden Arbeit vereinbar wäre.

Das gegenseitige Verhalten der Bestandesformzahlen und der Formzahlen des Stammes der Mittelstärke in den verschiedenen Alters- und Ertragsklassen ist in Tabelle V zusammengestellt.

Verhältniss der Formzahl des Bestandes-Mittelstammes zur Bestandesformzahl.

a) Derbholzformzahl.

Tabelle V.

Alter	I		II		III		IV		V	
	Mittel-stamm	Bestand	Mittel-stamm	Bestand	Mittel-stamm	Bestand	Mittel-stamm	Bestand	Mittel-stamm	Bestand
30	406	407	360	398	270	380	190	336	100	178
40	454	437	441	439	410	432	300	418	206	301
50	460	446	460	454	460	465	410	454	308	385
60	455	450	464	456	468	475	450	472	378	443
70	451	452	458	458	468	473	467	480	418	467
80	448	453	456	458	464	466	475	481	445	474
90	447	453	455	456	463	464	478	480	465	478
100	448	451	454	455	462	463	476	476	476	480
110	449	450	454	456	461	463	471	472	483	483
120	450	450	454	456	460	464	468	469	—	—
130	450	451	455	456	460	466	467	467	—	—
140	451	451	456	458	—	—	—	—	—	—

[1]) Speidel, Beiträge zu den Wuchsgesetzen des Hochwaldes und zur Durchforstungslehre, Tübingen 1893, S. 114 u. 115.

b) Baumformzahl.

Alter	I		II		III		IV		V	
	Mittel-stamm	Bestand	Mittel-stamm	Bestand	Mittel-stamm	Bestand	Mittel-stamm	Bestand	Mittel-stamm	Bestand
30	610	621	650	670	710	735	820	803	1000	763
40	552	560	577	597	623	653	686	701	830	656
50	517	530	539	556	574	604	618	640	738	648
60	500	515	517	530	548	574	586	607	672	644
70	495	504	507	521	534	553	570	588	634	635
80	494	499	504	513	529	534	560	577	612	621
90	492	495	502	509	524	530	554	567	598	606
100	491	493	500	506	520	524	546	557	588	600
110	489	491	498	505	515	521	538	547	578	598
120	488	489	496	503	510	520	530	540	—	—
130	487	488	494	502	505	519	523	535	—	—
140	486	486	492	501	—	—	—	—	—	—

Die vorliegende Untersuchung der Bestandesformzahl, welche ganz unabhängig von der Arbeit über die Formzahl des Einzelstammes ausgeführt worden ist, liefert auch einen erfreulichen Beweis für die Richtigkeit meiner Arbeit über die Formzahlen aus Massentafeln der Kiefern.

Aus der Betrachtung der Bestandesderbholzformzahlen ergiebt sich aber noch eine weitere für die Praxis wichtige Folgerung:

Berücksichtigt man nur die beiden ersten Decimalstellen, so zeigt sich, dass diese Formzahlen zwischen den verschiedenen Ertragsklassen nur wenig abweichen, innerhalb der nämlichen Ertragsklassen aber für die mittleren und höheren Lebensalter fast vollständig constant bleiben. Sie betragen vom 70jährigen Alter ab für:

Ertragsklasse I 0,45
„ II u. III 0,46
„ IV 0,47
„ V 0,48.

In allen Fällen, in welchen nur ein mittlerer Grad von Genauigkeit gefordert wird, erhält man demnach die Derbholzmasse eines Bestandes ebenso rasch wie bequem durch Multiplication der Kreisfläche und Mittelhöhe mit 0,46 in den besseren, mit 0,47—0,48 in den geringeren Ertragsklassen.

Bezüglich des Kreisflächenzuwachses enthält Tabelle VI nähere Angaben, welche in der eigentlichen Ertragstafel mit Rücksicht auf den zur Verfügung stehenden Raum keine Aufnahme finden konnten.

Verhältniss des periodischen Abgangs an Stammgrund zum Gesammtzuwachs.

Tabelle VI.

Im Jahrzehnt	Ertr.-Kl. I			Ertr.-Kl. II			Ertr.-Kl. III			Ertr.-Kl. IV			Ertr.-Kl V		
	Gesammt-zuwachs	Hiervon beträgt		Gesammt-zuwachs	Hiervon beträgt		Gesammt-zuwachs	Hiervon beträgt		Gesammt-zuwachs	Hiervon beträgt		Gesammt-zuwachs	Hiervon beträgt	
		periodisch. Abgang	Mehrung d. Hauptbest.		periodisch. Abgang	Mehrung d. Hauptbest.		periodisch. Abgang	Mehrung d. Hauptbest.		periodisch. Abgang	Mehrung d. Hauptbest.		periodisch. Abgang	Mehrung d. Hauptbest.
	qm	%	%	qm	%	%	qm	%	%	qm	%	%	qm	%	%
21—30	15,2	57	43	13,6	48	53	9,0	17	83	—	—	—	—	—	—
31—40	13,5	70	30	11,8	67	33	9,5	58	42	8,2	48	52	6,2	21	79
41—50	10,6	74	26	10,0	72	28	8,8	71	29	7,1	68	32	4,5	62	38
51—60	7,8	75	25	7,5	72	28	7,0	74	26	5,3	72	28	2,9	83	17
61—70	5,9	76	24	5,5	73	27	5,1	75	25	3,7	76	24	2,2	86	14
71—80	4,5	80	20	4,2	78	22	4,0	78	22	3,0	80	20	1,8	89	11
81 90	3,5	82	18	3,2	84	16	3,0	83	17	2,4	87	13	1,5	93	7
91—100	3,1	81	19	2,6	88	12	2,3	91	9	1,9	89	11	1,4	94	6
101—110	2,4	88	12	2,1	89	11	1,8	93	7	1,5	92	8	0,9	98	2
111—120	2,0	94	6	1,9	90	10	1,6	94	6	1,3	94	6	—	—	—
121—130	1,9	95	5	1,7	91	9	1,4	95	5	1,1	97	3	—	—	—
131—140	1,7	95	5	1,5	93	7	—	—	—	—	—	—	—	—	—

Hieraus ergiebt sich, dass das Maximum des Gesammt-zuwachses an Kreisfläche in sehr frühe Lebensstadien fällt. Soweit die Tabelle ersehen lässt, ist der Kreisflächenzuwachs für die I. und II. Ertragsklasse in der Periode: 20—30, für die III., IV. und V. Ertragsklasse in jener von 31—40 Jahren am grössten, es tritt demnach auf den geringeren Standorten später ein als auf den besseren.

Bemerkenswerth ist namentlich, dass schon von den mittleren Lebensaltern ab die Kreisfläche des periodischen Abganges den weitaus grössten Theil des rasch sinkenden Kreisflächenzuwachses absorbirt, so dass die Zunahme der Kreisfläche des verbleibenden Hauptbestandes von diesem Zeitpunkt ab nur noch sehr gering-fügig ist und durch unbedeutende Störungen der normalen Ent-wicklung (trockene Sommer, Insectenbeschädigungen etc.) in das Gegentheil umgewandelt wird.

Vom 70. Jahre ab beträgt auf den 4 besseren Ertragsklassen der periodische Abgang mehr als 80 % des Flächenzuwachses, auf den geringsten Standorten tritt diese Erscheinung schon früher ein.

Durch diese Thatsache dürfte im Zusammenhang mit den oben besprochenen Witterungsverhältnissen die vielfach während der letzten 6—7 Jahre hervorgetretene Abnahme der Stammgrundflächen auf den Versuchsflächen zur Genüge erläutert sein.

Bei flüchtiger Betrachtung mag vielleicht auffallen, dass die Massen, welche auf die Flächeneinheit bei der Vermehrung des Hauptbestandes bezw. beim periodischen Abgang entfallen, so sehr verschieden sind.

In der I. Ertragsklasse z. B. beträgt die Vermehrung des Hauptbestandes im Alter von 110—120 Jahren 28 fm bei einem Kreisflächenzuwachs von nur 0,1 qm, während gleichzeitig der periodische Abgang 1,9 qm mit nur 22 fm Derbholz umfasst. Die Erklärung hierfür ergiebt sich durch den Unterschied der Höhen und Formzahlen des Hauptbestandes und Nebenbestandes.

Während im Alter von 115 Jahren die Mittelhöhe des Hauptbestandes 30,8 m und die Formzahl 450 beträgt, besitzt der Nebenbestand nur eine Mittelhöhe von 27,6 m und eine Formzahl von 425.

Beim Hauptbestand bleibt die Formzahl in dieser Periode nahezu unverändert, und der Höhenzuwachs am ganzen Bestand in Verbindung mit dem geringfügigen Kreisflächenzuwachs genügen, um jene Massenmehrung hervorzurufen.

Berechnet man z. B. den Höhenzuwachs, welcher nothwendig ist, um im Hauptbestand der I. Ertragsklasse vom Alter 110 bis 120 die Massenmehrung von 22 fm zu erzeugen nach der Formel:

$$(G + Z_g) (H + x) F - GHF = Z_g,$$

so ergiebt sich mit den tafelmässigen Ansätzen

$$0,450 [41,9 (30,2 + x) - 41,8 \times 30,2] = 22$$
$$x = 1,14 \text{ m.}$$

Hiermit stimmt der tafelmässige Höhenzuwachs von 1,1 m unter Berücksichtigung der nothwendigen Abrundung auf eine Decimalstelle vollständig überein.

Andererseits berechnet sich mit der tafelmässigen Kreisfläche des periodischen Abganges von 1,9 qm und dessen Mittelhöhe von 27,6 m bei einer Formzahl von 425 eine Derbholzmasse von 22,3 fm, was ebenfalls mit den Angaben der Ertragstafel harmonirt.

IV. Betheiligung der einzelnen Stammgruppen am Zuwachs.

Die Behandlung unserer Waldbestände in der Art und Weise, wie sie jetzt im grossen Betriebe geübt wird, für die Kiefer also speciell in Form geschlossener, gleichaltriger Waldungen mit einem Durchforstungsgrad, welcher nach der gebräuchlichen Ausdrucksweise als „mässig" bezeichnet wird, hat sich in der Hauptsache auf rein empirischem Weg vollzogen.

Die wissenschaftliche Begründung dieser Methode fehlt bis jetzt noch nahezu gänzlich. Fast alle Untersuchungen, deren Ergebnisse bis jetzt veröffentlicht sind, und so auch die ersten drei Kapitel dieser Arbeit, beschäftigen sich mit der Frage: Was leisten die Bestände bei dieser Behandlungsweise? Zur Beantwortung der für die Wirthschaft aber noch ungleich wichtigeren Frage: Warum behandeln wir die Bestände gerade so und nicht anders? liegt bis jetzt noch recht wenig exactes Material vor.

Zu diesem Zweck bedarf es specieller Untersuchungen über die Betheiligung der einzelnen Bestandesglieder am Zuwachs, ferner über die Veränderungen, welche an der Gesammtproduction sowie am Wachsthumsgang der einzelnen Stammgruppen durch andere Formen der Waldbehandlung erzielt werden, schliesslich müssen sämmtliche Methoden vom Standpunkt der Rentabilität einerseits und von jenem der Bewahrung und Erhöhung der natürlichen Productionsfactoren des Standortes andererseits geprüft und gewürdigt werden.

Hier soll nur die Beantwortung der ersten der hier angeführten Fragen erfolgen; über den Einfluss anderer Formen der Waldbehandlung liegt das Material zwar bereits vor, soll aber aus verschiedenen Gründen an anderer Stelle binnen kurzem veröffentlicht werden.

Es ist eine längst bekannte Thatsache, dass die einzelnen Stämme eines Bestandes sich keineswegs gleichmässig an der Massenerzeugung betheiligen, sondern dass im Grossen und Ganzen die Menge des producirten Holzes von den stärkeren nach den schwächeren Stammklassen hin abnimmt.

Man hat sich in neuerer Zeit von verschiedener Seite mit dieser Frage beschäftigt, auch ich habe mich schon bei der ersten Bearbeitung meiner Kiefer-Ertragstafeln für Norddeutschland bemüht, sie zu lösen, allein die Antwort konnte solange keine voll befriedigende und sicher begründete sein, als nicht die Methoden der Massenermittelung der Bestände von vorneherein hierauf Rücksicht nahm.

Für die Rothbuche habe ich eine solche Untersuchung bereits vorgenommen und bin nunmehr in der Lage, dieses in noch besserer Form auch für die Kiefer zu thun.

Vollständig einwandfrei kann diese Arbeit erst dann ausfallen, wenn langjährige Beobachtungen stammweise numerirter Probeflächen vorliegen.

Heute müssen wir noch immer von der Hypothese ausgehen, dass die Angehörigen der stärksten Stammklassen im Haubarkeitsalter durch das ganze Bestandesleben hindurch die bestentwickelten Individuen gewesen sind, und dass im Wege des periodischen Abganges lediglich die jeweils schwächsten Individuen (nicht physiologisch, sondern hinsichtlich des relativen Massenverhältnisses betrachtet) ausgeschieden werden.

Wir wissen ja, dass dieses nicht vollständig zutrifft, sondern dass auch Stämme der herrschenden Klassen im Laufe des Umtriebes aus verschiedenen Gründen verschwinden; allein ihre Zahl ist doch nach den nunmehr bereits gemachten Beobachtungen absolut und noch mehr relativ so gering, dass eine nennenswerthe Verschiebung der unter Annahme dieser Hypothese gewonnenen Ergebnisse nicht befürchtet zu werden braucht.

Das Material für diese Untersuchungen ist direct aus den Massenberechnungen der Ertragsprobeflächen entnommen, welche die Derbholzmasse, sowie die Höhe, den Durchmesser und die Formzahl für die Mittelstämme der einzelnen Stammgruppen enthalten. Da diese Angaben sowohl für die neueste als auch für die letzte, vor 5—7 Jahren erfolgte Aufnahme ermittelt waren, so stand thatsächlich fast die doppelte Anzahl von Flächen, im Ganzen also annähernd 300, für diese Untersuchungen zur Verfügung.

Bei der Rothbuche hatte ich für diesen Zweck lediglich das Derbholz in Betracht gezogen, weil dieses bei den Massenberechnungen zunächst allein berücksichtigt wird. Da sich indessen hierbei infolge des Ueberganges aus dem Reisholz in das Derbholz während der jüngeren und mittleren Lebensalter Unzuträglichkeiten ergaben, indem der Zuwachs einzelner Gruppen grösser erscheint, als er thatsächlich ist, so bin ich dieses Mal von der gesammten Baummasse ausgegangen.

Es war zu diesem Behuf nöthig, für die Mittelstämme der einzelnen Gruppen noch die Reisholzmassen zu finden. Dieses geschah auf graphischem Wege in der Weise, dass für die Probestämme jeder Fläche die Durchmesser als Abscissen und die Reisholzmassen als Ordinaten aufgetragen wurden. Aus den hiernach gezogenen Reisholzcurven konnten die Reisholzmassen für die Durchmesser der Klassen-Mittelstämme leicht abgelesen werden.

Die Stammzahlgruppen sind ebenso wie früher bei der Rothbuche in der Weise gebildet, dass sie für die stärksten 400 Stämme je hundert, für die Klasse 401—1000 stärkste Stämme je zweihundert und darüber hinaus je vierhundert Individuen umfassen.

Die nächste Arbeit bestand in der Construction der Baummassencurven für die Mittelstämme jeder Gruppe. Zu diesem Behuf wurden für jede Ertragsklasse gesondert aus einer Zusammenstellung die Massen der Mittelstämme mit verschiedenen Farben bezw. Zeichen für jede Stammgruppe auf Millimeterpapier aufgetragen und hiernach die Curven gezogen.

Die gleiche Methode lieferten auch die Höhen- und Durchmessercurven für jene Stammgruppen, bezüglich welcher die entsprechenden Angaben in Tabelle IX gemacht sind.

Die ausgeglichenen Baummassen der Mittelstämme dienten nun weiter dazu, um aus ihnen sowohl die Betheiligung an der Masse des Hauptbestandes als auch am Gesammtzuwachs zu berechnen.

Die Ergebnisse dieser Arbeit liegen in Tabelle VII, VIII und IX vor.

Tabelle VII hat den Zweck, für den ganzen Hauptbestand darzustellen, in welcher Weise sich die verschiedenen Stammgruppen betheiligen: a. an der Zusammsetzung des Hauptbestandes und b. am Gesammtzuwachs, sowie ferner c. wie hoch deren Zuwachsprocent an Baummasse ist.

Der Vergleichbarkeit wegen sind die Angaben für a und b auch bei jenen Gruppen, welche mehr als hundert Stämme enthalten, auf je hundert Stämme bezogen. Hieraus ergab sich aber die Nothwendigkeit, für solche Gruppen, welche nicht mehr die volle Stammzahl enthalten, die bezüglichen Angaben wegzulassen, da sonst Missverständnisse garnicht zu vermeiden gewesen wären. Hierdurch entsteht andererseits der Uebelstand, dass die Summe der Procente für a und b nicht oder nur ausnahmsweise 100 ergiebt, der verbleibende Rest entfällt eben auf die unvollständige Klasse.

Der übersichtlichen Anordnung wegen sind die Procentsätze für die Betheiligung am Zuwachs ebenso wie Zuwachsprocente stets am Schluss der einzelnen Decennien, statt in der Mitte derselben eingetragen.

Tabelle VIII gewährt bezüglich der Zusammensetzung der Bestandesmasse und der Betheiligung am Zuwachs ein übersichtlicheres Bild, indem hier die Gruppen zu grössern Klassen zusammengefasst sind, und zwar umfasst die erste Klasse die 400 stärksten Stämme, die zweite die folgenden 600 Stämme (von 401—1000) und endlich die dritte den Rest.

Tabelle IX bringt für die Stammklasse 1—100, 101—200 und 401—600, ferner für den Mittelstamm des Hauptbestandes und des periodischen Abganges die Baummasse, Höhe und Durchmesser in Brusthöhe. Während die Mittelstämme des Hauptbestandes und des periodischen Abganges fingirte Grössen sind, stellen die Mittelstämme der übrigen drei Klassen, theoretisch wenigstens, den Entwicklungsgang oder die Stammanalyse eines wirklichen Stammes vor, welche thatsächlich allerdings ebenfalls aus Durchschnittswerthen abgeleitet ist.

In der V. Ertragsklasse waren die Materialien nicht ausreichend, um die Angaben für sämmtliche Tabellen ableiten zu können, sie ist daher nur in Tabelle IX berücksichtigt; aus dem gleichen Grunde konnte Tabelle VII und VIII für die IV. Ertragsklasse erst mit dem 40jährigen Alter beginnen.

(Siehe Tabellen VII, VIII und IX S. 56 – 65.)

Aus diesen Untersuchungen über die Wachsthumsleistungen der verschiedenen Stammgruppen dürften folgende Ergebnisse abzuleiten sein.

1. Die stärksten Stämme, deren Zahl nach der Ertragsklasse wechselt und etwa jener des dereinstigen Haubarkeitsbestandes entspricht, betheiligen sich schon von verhältnissmässig frühem Alter ab in ganz besonders hervorragendem, den Procentsatz der Stammzahl bald weit übersteigendem Maasse sowohl an der Zusammensetzung des Hauptbestandes als auch am Gesammtzuwachs.

Fasst man der leichteren Uebersicht wegen die Stämme in drei Klassen zusammen, von denen die erste die 400 stärksten Stämme, die zweite die hierauf folgenden 600 (401—1000) und die dritte den Rest (über 1000) enthält, so übertrifft bei Klasse I sowohl die Betheiligung an der Hauptbestandsmasse als auch am Gesammtzuwachs in allen Ertragsklassen und Altersstufen den Procentsatz der Stammzahl, in Klasse III besteht das umgekehrte Verhältniss, in Klasse II beträgt etwa bis zum 60jährigen Alter die Betheiligung an der Hauptbestandmasse mehr oder ungefähr gleichviel als der Procentsatz der Stammzahl, der Antheil am Gesammtzuwachs sinkt bereits ungefähr 10 Jahre früher unter diesen Betrag.

Im Alter von etwa 40 Jahren haben sich die wuchskräftigsten Stämme bereits deutlich ausgebildet.

2. Um zu zeigen in welch hohem Maasse die Wachsthumsleistung der stärksten Stämme trotz der relativ geringen Anzahl an der Gesammtproduction betheiligt ist, habe ich den Procentsatz dieses Antheiles für die 100 und 200 stärksten Stämme während des Zeitraumes vom 60- bis zum 130jährigen Alter zusammengestellt. Hiernach produciren vom Gesammtzuwachs während dieses Zeitraumes die stärksten:

		100 Stämme	200 Stämme
in der	I. Ertragsklasse	38 %	66 %
„ „	II. „	37 %	64 %
„ „	III. „	31 %	54 %
„ „	IV. „	29 %	50 %

Diese Zahlen stimmen mit den auf ganz anderem Wege gefundenen Zahlen meiner früheren Arbeit, welche sich auf den Zeitraum vom 50.—120. Jahre bezogen, weil die III. und IV. Ertragsklasse damals nicht bis zum 130jährigen Alter geführt werden konnte, sehr gut überein.

Vergleicht man weiter diese Ergebnisse mit jenen der entsprechenden Untersuchungen über die Rothbuche[1]), so besteht auch hier kein nennenswerther Unterschied, wenigstens in den drei besseren Ertragsklassen; in den geringeren Klassen nehmen allerdings bei der Buche die schwächeren Stammklassen noch mit einem höheren Procentsatz am Zuwachs Theil, wie bei der Kiefer.

---

[1]) Schwappach, Wachsthum und Ertrag normaler Rothbuchenbestände, S. 84.

B e t h e i -

der einzelnen Stammgruppen an der Zusammensetzung

a bedeutet den Antheil der betr. Klasse an dem Vorrath des Hauptbestandes.   b bedeutet

Baummasse für

Alter		1—100	101—200	201—300	301—400	401—600	601—800	801—1000
								I. Ertrags-
30	a	**12**	**9**	**7**	**6**	**5**	**4**	**4**
	b	—	—	—	—	—	—	—
	c	—	—	—	—	—	—	—
40	a	**14**	**11**	**9**	**7**	**7**	**6**	**5**
	b	16	12	10	9	8	7	4
	c	5,7	6,0	6,3	6,0	5,5	5,0	4,5
50	a	**18**	**13**	**11**	**9**	**8**	**6**	**4**
	b	20	15	12	1C	8,5	6,5	5
	c	4,6	4,7	4,8	4,3	3,5	3,0	2,9
60	a	**22**	**16**	**13**	**11**	**9**	**7**	—
	b	25	19	15	12	8	5	—
	c	3,4	3,4	3,4	3,0	2,6	2,2	—
70	a	**26**	**19**	**15**	**12**	**9**	—	—
	b	29	23	17	12	8	—	—
	c	2,5	2,5	2,5	2,1	1,6	—	—
80	a	**30**	**22**	**17**	**13**	—	—	—
	b	33	27	20	12	—	—	—
	c	1,9	1,9	1,8	1,4	—	—	—
90	a	**33**	**24**	**19**	**13**	—	—	—
	b	37	30	22	10	—	—	—
	c	1,6	1,6	1,6	1,0	—	—	—
100	a	**36**	**27**	**20**	**13**	—	—	—
	b	39	31	22	7	—	—	—
	c	1,3	1,3	1,2	0,5	—	—	—
110	a	**38**	**28**	**22**	—	—	—	—
	b	43	32	22	—	—	—	—
	c	1,1	1,0	0,9	—	—	—	—
120	a	**39**	**29**	**22**	—	—	—	—
	b	45	32	19	—	—	—	—
	c	0,9	0,8	0,7	—	—	—	—
130	a	**41**	**30**	**23**	—	—	—	—
	b	47	33	17	—	—	—	—
	c	0,8	0,7	0,5	—	—	—	—
140	a	**43**	**31**	**23**	—	—	—	—
	b	50	33	16	—	—	—	—
	c	0,7	0,6	0,4	—	—	—	—
								II. Ertrags-
30	a	**10**	**8**	**7**	**5**	**5**	**4**	**3**
	b	—	—	—	—	—	—	—
	c	—	—	—	—	—	—	—
40	a	**13**	**10**	**8**	**7**	**6**	**5**	**4**
	b	13	11	10	9	7	6	4
	c	5,7	5,7	6,0	6,0	5,6	4,8	4,4

ligung . Tabelle VII.

des Bestandes sowie am Zuwachs für je 100 Stämme.

den Antheil der betr. Klasse am Gesammtzuwachs. c bedeutet das Zuwachsprocent an die betr. Klasse.

Stammgruppe						
1001—1400	1401—1800	1801—2200	2201—2600	2601—3000	3001—3400	3401—3800

klasse.

1001—1400	1401—1800	1801—2200	2201—2600	2601—3000	3001—3400	3401—3800
3	3	2	—	—	—	—
—	—	—	—	—	—	—
—	—	—	—	—	—	—
3	—	—	—	—	—	—
2	—	—	—	—	—	—
3,0	—	—	—	—	—	—

klasse.

1001—1400	1401—1800	1801—2200	2201—2600	2601—3000	3001—3400	3401—3800
3	2	2	2	1	1	—
—	—	—	—	—	—	—
—	—	—	—	—	—	—
3	3	—	—	—	—	—
3	2	—	—	—	—	—
4,0	3,3	—	—	—	—	—

Alter		Stammgruppe						
		1—100	101—200	201—300	301—400	401—600	601—800	801—1000

II. Ertragsklasse

Alter		1—100	101—200	201—300	301—400	401—600	601—800	801—1000
50	a	17	13	10	9	7	6	4
	b	18	15	12	10	8	6	4
	c	4,3	4,3	4,2	4,2	3,8	3,3	2,5
60	a	20	15	12	10	8	6	5
	b	23	18	14	11	8	6	2 .
	c	3,3	3,3	3,2	3,0	2,7	2,0	1,5
70	a	23	18	14	11	9	6	—
	b	27	21	16	12	7	4	—
	c	2,7	2,7	2,6	2,5	1,9	1,5	—
80	a	26	20	15	12	9	—	—
	b	32	24	18	13	6	—	—
	c	2,2	2,2	2,1	1,8	1,1	—	—
90	a	30	22	17	13	—	—	—
	b	36	26	19	13	3	—	—
	c	1,7	1,7	1,5	1,4	0,5	—	—
100	a	33	24	18	13	—	—	—
	b	39	28	18	11	—	—	—
	c	1,2	1,2	1,1	0,9	—	—	—
110	a	36	26	19	14	—	—	—
	b	42	31	17	9	—	—	—
	c	1,1	1,1	0,9	0,6	—	—	—
120	a	38	27	19	14	—	—	—
	b	46	33	16	5	—	—	—
	c	1,0	1,0	0,7	0,3	—	—	—
130	a	40	29	20	—	—	—	—
	b	48	34	14	—	—	—	—
	c	0,8	0,8	0,5	—	—	—	—
140	a	42	30	19	—	—	—	—
	b	50	35	12	—	—	—	—
	c	0,7	0,7	0,4	—	—	—	—

III. Ertrags-

Alter		1—100	101—200	201—300	301—400	401—600	601—800	801—1000
30	a	11	9	8	6	5	4	3
	b	—	—	—	—	—	—	—
	c	—	—	—	—	—	—	—
40	a	12	10	9	7	6	5	4
	b	14	11	9	7	6	5	4
	c	5,0	5,0	5,0	4,5	4,5	4,5	4,3
50	a	15	12	10	8	6	5	4
	b	17	13	10	8	7	6	5
	c	4,0	4,0	3,9	3,8	3,5	3,3	3,3
60	a	17	14	11	9	7	6	5
	b	21	16	12	10	8	6	5
	c	3,1	3,0	2,7	2,5	2,4	2,3	2,0
70	a	21	16	13	10	8	6	5
	b	24	19	14	10	8	5	3
	c	2,5	2,4	2,2	1,9	1,7	1,4	1,0
80	a	24	18	14	11	9	6	—
	b	27	21	15	11	8	4	—
	c	2,1	2,0	1,8	1,6	1,4	0,8	—

	Stammgruppe					
1001—1400	1401—1800	1801—2200	2201—2600	2601—3000	3001—3400	3401—3800

(Fortsetzung).

1001—1400	1401—1800	1801—2200	2201—2600	2601—3000	3001—3400	3401—3800
4	—	—	—	—	—	—
2	—	—	—	—	—	—
1,0	—	—	—	—	—	—
—	—	—	—	—	—	—
—	—	—	—	—	—	—
—	—	—	—	—	—	—
—	—	—	—	—	—	—
—	—	—	—	—	—	—
—	—	—	—	—	—	—
—	—	—	—	—	—	—
—	—	—	—	—	—	—
—	—	—	—	—	—	—
—	—	—	—	—	—	—
—	—	—	—	—	—	—
—	—	—	—	—	—	—
—	—	—	—	—	—	—
—	—	—	—	—	—	—
—	—	—	—	—	—	—
—	—	—	—	—	—	—
—	—	—	—	—	—	—
—	—	—	—	—	—	—

klasse.

1001—1400	1401—1800	1801—2200	2201—2600	2601—3000	3001—3400	3401—3800
3	**2**	**2**	**1**	**1**	**1**	0,5
—	—	—	—	—	—	—
3	**2**	**2**	**1**	—	—	—
3	2	1	0,5	—	—	—
4,1	3,6	3,0	2,0	—	—	—
3	**2**	—	—	—	—	—
3	1	—	—	—	—	—
3,0	2,0	—	—	—	—	—
—	—	—	—	—	—	—
—	—	—	—	—	—	—
—	—	—	—	—	—	—
—	—	—	—	—	—	—
—	—	—	—	—	—	—
—	—	—	—	—	—	—
—	—	—	—	—	—	—
—	—	—	—	—	—	—
—	—	—	—	—	—	—

Alter		1—100	101—200	201—300	301—400	401—600	601—800	801—1000
				Stammgruppe				
								III. Ertragsklasse
90	a	26	19	15	12	9	—	—
	b	30	23	17	11	7	—	—
	c	1,6	1,6	1,5	1,3	1,2	—	—
100	a	29	21	17	13	9	—	—
	b	33	25	18	12	6	—	—
	c	1,3	1,3	1,2	1,0	0,9	—	—
110	a	30	23	18	13	—	—	—
	b	35	26	19	12	—	—	—
	c	1,1	1,1	1,0	0,8	—	—	—
120	a	32	24	19	14	—	—	—
	b	36	28	19	12	—	—	—
	c	1,0	1,0	0,8	0,7	—	—	—
130	a	33	26	20	15	—	—	—
	b	38	29	19	12	—	—	—
	c	0,8	0,8	0,7	0,6	—	—	—
								IV. Ertrags-
30	a	12	9	7	5	5	4	4
	b	—	—	—	—	—	—	—
	c	—	—	—	—	—	—	—
40	a	13	10	7	6	5	4	4
	b	—	—	—	—	—	—	—
	c	—	—	—	—	—	—	—
50	a	16	12	9	7	5	4	4
	b	19	15	10	7	6	5	4
	c	4,9	4,9	4,9	4,6	4,4	4,3	4,0
60	a	19	14	10	8	6	5	4
	b	21	16	12	8	6	5	4
	c	2,9	2,9	2,9	2,5	2,3	2,3	2,3
70	a	21	15	11	9	7	5	4
	b	23	17	13	9	7	5	3
	c	2,2	2,2	2,2	2,0	2,0	1,8	1,4
80	a	22	16	12	9	7	6	4
	b	26	19	14	9	7	5	3
	c	1,8	1,8	1,8	1,5	1,4	1,3	1,1
90	a	25	18	13	10	8	6	—
	b	28	21	15	10	7	4	—
	c	1,5	1,5	1,4	1,3	1,1	0,9	—
100	a	27	19	14	11	8	—	—
	b	30	22	16	10	7	4	—
	c	1,2	1,2	1,2	1,0	0,9	0,7	—
110	a	29	21	15	11	9	—	—
	b	33	23	17	10	7	—	—
	c	1,0	1,0	1,0	0,8	0,7	—	—
120	a	31	22	16	12	9	—	—
	b	35	24	18	11	6	—	—
	c	0,9	0,9	0,9	0,8	0,5	—	—
130	a	33	23	17	12	—	—	—
	b	36	25	18	11	—	—	—
	c	0,8	0,7	0,7	0,6	—	—	—

Stammgruppe						
1001—1400	1401—1800	1801—2200	2201—2600	2601—3000	3001—3400	3401—3800

(Fortsetzung).

—	—	—	—	—	—	—
—	—	—	—	—	—	—
—	—	—	—	—	—	—
—	—	—	—	—	—	—
—	—	—	—	—	—	—
—	—	—	—	—	—	—
—	—	—	—	—	—	—
—	—	—	—	—	—	—
—	—	—	—	—	—	—
—	—	—	—	—	—	—
—	—	—	—	—	—	—
—	—	—	—	—	—	—
—	—	—	—	—	—	—
—	—	—	—	—	—	—

klasse.

3	2	2	2	1	0,6	0,4
—	—	—	—	—	—	—
3	2	2	1	1	0,6	—
—	—	—	—	—	—	—
—	—	—	—	—	—	—
3	2	2	—	—	—	—
2	1	1	—	—	—	—
3,0	1,8	1,0	—	—	—	—
3	2	—	—	—	—	—
2	1	—	—	—	—	—
1,5	0,7	—	—	—	—	—
3	—	—	—	—	—	—
2	—	—	—	—	—	—
1,0	—	—	—	—	—	—
—	—	—	—	—	—	—
—	—	—	—	—	—	—
—	—	—	—	—	—	—
—	—	—	—	—	—	—
—	—	—	—	—	—	—
—	—	—	—	—	—	—
—	—	—	—	—	—	—
—	—	—	—	—	—	—
—	—	—	—	—	—	—
—	—	—	—	—	—	—
—	—	—	—	—	—	—
—	—	—	—	—	—	—
—	—	—	—	—	—	—

Tabelle VIII.

Alter	Stammklasse I: 1—400			Stammklasse II: 401—1000			Stammklasse III: 1001—3000		
	% der Stamm-zahl	% der Baum-masse	% des Zu-wachs.	% der Stamm-zahl	% der Baum-masse	% des Zu-wachs.	% der Stamm-zahl	% der Baum-masse	% des Zu-wachs.

I. Ertragsklasse.

Alter	% der Stamm-zahl	% der Baum-masse	% des Zu-wachs.	% der Stamm-zahl	% der Baum-masse	% des Zu-wachs.	% der Stamm-zahl	% der Baum-masse	% des Zu-wachs.
30	16	34	—	24	26	—	60	40	—
40	23	41	47	34	34	40	43	25	13
50	32	51	57	48	38	38	20	11	5
60	43	62	71	57	38	29	—	—	—
70	56	72	81	44	28	19	—	—	—
80	69	82	92	31	18	8	—	—	—
90	82	89	99	18	11	1	—	—	—
100	94	96	99	6	4	1	—	—	—
110	100	100	100	—	—	—	—	—	—
120	100	100	100	—	—	—	—	—	—
130	100	100	100	—	—	—	—	—	—
140	100	100	100	—	—	—	—	—	—

II. Ertragsklasse.

Alter	% der Stamm-zahl	% der Baum-masse	% des Zu-wachs.	% der Stamm-zahl	% der Baum-masse	% des Zu-wachs.	% der Stamm-zahl	% der Baum-masse	% des Zu-wachs.
30	13	30	—	19	24	—	65	40	—
40	19	38	43	28	30	34	53	32	23
50	26	49	55	39	34	36	35	17	9
60	35	57	66	53	38	32	12	5	2
70	45	66	76	55	34	24	—	—	—
80	56	73	87	44	27	13	—	—	—
90	68	82	94	32	18	6	—	—	—
100	79	88	96	21	12	4	—	—	—
110	90	95	99	10	5	1	—	—	—
120	99	99	100	1	1	—	—	—	—
130	100	100	100	—	—	—	—	—	—
140	100	100	100	—	—	—	—	—	—

Alter	Stammklasse I: 1—400			Stammklasse II: 401—1000			Stammklasse III: 1001—3000		
	% der Stammzahl	% der Baummasse	% des Zuwachs.	% der Stammzahl	% der Baummasse	% des Zuwachs.	% der Stammzahl	% der Baummasse	% des Zuwachs.

III. Ertragsklasse.

Alter	% der Stammzahl	% der Baummasse	% des Zuwachs.	% der Stammzahl	% der Baummasse	% des Zuwachs.	% der Stammzahl	% der Baummasse	% des Zuwachs.
30	10	34	—	15	24	—	50	36	—
40	15	38	41	22	30	30	63	32	29
50	21	45	48	32	30	36	47	25	16
60	29	51	59	43	36	38	28	13	3
70	36	60	67	55	38	32	9	2	1
80	45	67	74	55	33	26	—	—	—
90	55	72	81	45	28	19	—	—	—
100	64	80	88	36	20	12	—	—	—
110	74	84	92	26	16	8	—	—	—
120	81	89	95	19	11	5	—	—	—
130	88	94	98	12	6	2	—	—	—
140	—	—	—	—	—	—	—	—	—

IV. Ertragsklasse.

Alter	% der Stammzahl	% der Baummasse	% des Zuwachs.	% der Stammzahl	% der Baummasse	% des Zuwachs.	% der Stammzahl	% der Baummasse	% des Zuwachs.
30	8	36	—	12	26	—	39	38	—
40	11	38	—	17	26	—	56	36	—
50	16	44	51	24	26	30	60	30	17
60	22	51	57	33	30	30	45	19	13
70	28	56	62	42	32	30	30	12	8
80	35	59	68	53	34	30	12	7	2
90	43	66	74	57	34	26	—	—	—
100	51	71	78	49	29	22	—	—	—
110	59	76	83	41	24	17	—	—	—
120	66	81	88	34	19	12	—	—	—
130	71	85	90	29	15	10	—	—	—

Tabelle IX.

Alter (Jahre)	Des Hauptbestandes					Der Stammklasse 1 bis 100			Der Stammklasse 101 bis 200			Der Stammklasse 401 bis 600			Periodischer Abgang			
	Stammzahl	Baummasse	Mittelstamm			Mittelstamm			Mittelstamm			Mittelstamm			Baummasse	Mittelstamm		
			Höhe	Durchmesser	Baummasse	Höhe	Durchmesser	Baummasse	Höhe	Durchmesser	Baummasse	Höhe	Durchmesser	Baummasse		Höhe	Durchmesser	Baummasse
Jahre		fm	m	cm	fm	m	cm	fm	m	cm	fm	m	cm	fm	fm	m	cm	fm
I. Ertragsklasse.																		
30	2503	241	13,3	12,2	0,10	14,0	23,0	0,30	13,8	20,5	0,21	12,4	15,7	0,12	24	9,5	11,3	0,05
40	1770	315	16,9	15,5	0,18	17,6	25,4	0,45	17,4	22,5	0,34	15,6	17,7	0,21	29	13,9	12,3	0,08
50	1261	379	19,8	19,1	0,30	20,6	28,0	0,67	20,4	24,7	0,49	18,5	19,5	0,30	29	17,1	13,8	0,12
60	924	435	22,3	22,9	0,47	23,1	30,8	0,94	22,9	27,1	0,69	20,8	21,1	0,39	25	19,8	15,4	0,17
70	711	485	24,4	26,5	0,68	25,1	33,7	1,27	24,9	29,7	0,90	22,6	22,5	0,46	20	21,8	17,1	0,23
80	578	528	26,1	29,8	0,91	26,9	36,4	1,60	26,7	32,2	1,14	24,1	23,8	0,55	17	23,7	19,0	0,30
90	490	564	27,6	32,7	1,15	28,5	38,9	1,87	28,2	34,5	1,37	—	—	—	15	25,1	20,9	0,39
100	427	592	29,0	35,2	1,39	29,8	41,2	2,12	29,5	36,5	1,58	—	—	—	15	26,4	23,0	0,50
110	381	618	30,2	37,4	1,62	30,9	43,2	2,34	30,6	38,2	1,75	—	—	—	13	27,4	25,5	0,64
120	348	640	31,3	39,1	1,84	32,0	44,9	2,53	31,6	39,5	1,89	—	—	—	12	27,9	28,0	0,81
130	326	659	32,2	40,4	2,02	32,8	46,3	2,73	32,4	40,5	2,01	—	—	—	11	28,2	32,5	1,10
140	312	676	32,9	41,3	2,17	33,3	47,5	2,91	32,9	41,3	2,12	—	—	—	10	28,4	40,5	1,67
II. Ertragsklasse.																		
30	3084	197	11,1	10,5	0,06	12,6	18,6	0,20	12,4	16,7	0,16	11,6	13,6	0,09	15	7,3	8,3	0,02
40	2126	260	14,3	13,5	0,12	15,6	22,8	0,35	15,4	20,0	0,27	14,6	16,2	0,16	23	11,7	11,0	0,05
50	1525	314	17,0	16,7	0,21	18,2	26,7	0,52	18,9	23,2	0,41	17,0	18,3	0,22	23	14,9	12,7	0,08
60	1143	361	19,3	19,8	0,32	20,6	30,2	0,72	20,2	26,3	0,56	18,9	19,9	0,29	21	17,2	13,7	0,12
70	890	406	21,2	22,9	0,46	22,7	33,3	0,92	22,2	29,0	0,72	20,4	21,0	0,36	19	19,2	14,5	0,16
80	714	444	22,9	25,9	0,62	24,6	36,0	1,16	24,1	31,3	0,89	21,6	21,8	0,40	17	20,9	15,9	0,21
90	591	474	24,4	28,6	0,80	26,2	38,2	1,43	25,6	33,2	1,05	22,7	22,3	0,45	16	22,3	17,2	0,26
100	505	499	25,7	31,1	0,99	27,5	39,9	1,67	26,8	34,7	1,21	23,7	22,6	0,56	13	23,4	18,9	0,32
110	446	521	26,9	33,2	1,17	28,5	41,2	1,89	27,7	35,9	1,36	—	—	—	11	24,3	20,6	0,39
120	406	542	27,9	34,9	1,33	29,2	42,2	2,08	28,3	36,8	1,49	—	—	—	10	24,9	23,8	0,51
130	379	560	28,7	36,2	1,46	29,7	43,0	2,26	28,8	37,5	1,61	—	—	—	9	25,3	27,3	0,70
140	361	575	29,7	37,1	1,59	30,1	43,6	2,40	29,2	38,0	1,73	—	—	—	9	25,7	33,4	1,12
III. Ertragsklasse.																		
30	3986	155	8,9	8,7	0,04	10,7	17,0	0,17	10,5	14,5	0,16	10,0	11,9	0,08	4	6,0	4,7	0,01
40	2695	212	11,5	11,5	0,08	13,5	20,2	0,26	13,2	17,5	0,22	11,8	13,9	0,12	13	9,7	8,1	0,02
50	1875	256	14,0	14,4	0,14	15,9	23,2	0,37	15,6	20,3	0,30	13,5	15,7	0,16	17	12,3	10,5	0,04
60	1396	293	15,9	17,1	0,21	18,0	26,1	0,51	17,6	22,9	0,40	15,1	17,3	0,21	16	14,3	11,9	0,06

Alter	Des Hauptbestandes					Der Stammklasse 1 bis 100			Der Stammklasse 101 bis 200			Der Stammklasse 401 bis 600			Periodischer Abgang			
	Stammzahl	Baummasse	Mittelstamm			Mittelstamm			Mittelstamm			Mittelstamm			Baummasse	Mittelstamm		
			Höhe	Durchmesser	Baummasse	Höhe	Durchmesser	Baummasse	Höhe	Durchmesser	Baummasse	Höhe	Durchmesser	Baummasse		Höhe	Durchmesser	Baummasse
Jahre		fm	m	cm	fm	m	cm	fm	m	cm	fm	m	cm	fm	fm	m	cm	fm

III. Ertragsklasse (Fortsetzung).

70	1096	326	17,6	19,7	0,30	19,9	28,9	0,67	19,5	25,2	0,51	16,6	18,6	0,26	14	16,1	13,0	0,09
80	883	355	19,2	22,2	0,40	21,6	31,5	0,84	21,2	27,2	0,63	18,0	19,7	0,30	13	17,7	14,0	0,12
90	730	380	20,6	24,7	0,52	23,1	33,8	1,00	22,7	29,0	0,74	19,2	20,6	0,34	12	19,0	14,8	0,16
100	621	401	21,9	26,8	0,65	24,4	35,7	1,15	24,0	30,5	0,86	20,2	21,4	0,38	10	20,0	15,9	0,21
110	544	421	23,1	28,7	0,78	25,5	37,2	1,28	25,0	31,2	0,96	21,0	22,1	—	9	20,8	17,1	0,27
120	491	440	24,1	30,2	0,90	26,4	38,4	1,41	25,8	32,2	1,07	21,6	22,7	—	8	21,4	19,3	0,34
130	454	457	25,0	31,5	1,01	27,2	39,3	1,51	26,5	33,0	1,17	22,0	23,2	—	7	21,6	21,2	0,42

IV. Ertragsklasse.

30	5075	110	6,6	7,2	0,02	9,4	12,8	0,13	9,2	11,3	0,10	8,3	9,7	0,05	—	—	—	—
40	3541	159	9,1	9,5	0,04	11,8	16,2	0,21	11,6	14,1	0,16	9,8	11,6	0,07	9	7,3	6,4	0,01
50	2481	196	11,2	11,8	0,07	13,1	19,4	0,31	12,9	16,7	0,23	11,5	13,4	0,10	11	9,5	7,9	0,02
60	1828	225	12,9	14,2	0,11	15,1	22,3	0,42	14,8	19,0	0,31	13,1	15,0	0,14	10	11,3	9,0	0,03
70	1420	250	14,3	16,4	0,17	16,9	24,9	0,52	16,6	21,0	0,38	14,5	16,4	0,17	10	12,8	9,5	0,05
80	1137	271	15,5	18,4	0,24	18,4	27,2	0,61	18,1	22,9	0,44	15,7	17,6	0,20	9	14,0	10,8	0,07
90	934	290	16,7	20,4	0,31	19,7	29,2	0,71	19,3	24,6	0,52	16,7	18,6	0,23	8	15,1	11,7	0,10
100	788	307	17,9	22,3	0,39	20,8	31,0	0,83	20,4	26,1	0,59	17,5	19,4	0,26	7	15,9	12,4	0,13
110	683	320	19,0	24,0	0,47	21,7	32,8	0,93	21,3	27,3	0,66	18,1	20,1	0,28	7	16,4	13,6	0,16
120	610	333	20,0	25,4	0,55	22,4	34,0	1,04	22,0	28,3	0,73	18,6	20,7	0,30	6	16,8	15,2	0,19
130	561	344	20,8	26,5	0,62	23,0	35,0	1,14	22,5	29,2	0,79	19,0	21,2	—	5	17,1	17,0	0,23

V. Ertragsklasse.

40	4998	93	6,4	7,5	0,02	9,0	14,3	0,11	8,8	12,6	0,09	6,8	10,0	0,06	—	—	—	—
50	3634	123	7,9	9,2	0,04	10,9	16,3	0,14	10,7	14,3	0,11	8,5	11,5	0,07	4	7,2	5,1	—
60	2559	146	9,2	11,1	0,06	12,5	18,0	0,18	12,2	15,3	0,14	10,1	12,8	0,08	4	8,3	5,4	0,01
70	1916	165	10,4	12,9	0,09	13,8	19,4	0,25	13,5	17,1	0,19	11,3	13,8	0,10	3	9,4	6,4	0,01
80	1526	180	11,6	14,5	0,12	14,9	20,5	0,32	14,6	18,1	0,23	12,1	14,5	0,12	3	10,2	7,6	0,02
90	1252	193	12,6	16,1	0,15	15,7	21,4	0,38	15,4	18,9	0,26	12,6	15,0	0,14	3	10,8	8,4	0,02
100	1041	204	13,5	17,7	0,19	16,1	22,2	0,44	15,7	19,5	0,31	12,8	15,3	0,16	3	11,3	8,8	0,03

3. Die Betheiligung an der Hauptbestandsmasse bildet innerhalb jeder Gruppe für alle Ertragsklassen eine mit dem Alter steigende Reihe; das Ansteigen ist bei den stärksten Stämmen am lebhaftesten, nimmt nach den schwächern Gruppen hin ab, bis kurz vor dem Ausscheiden ein Gleichbleiben eintritt.

4. Der Procentsatz des Antheiles am Gesammtzuwachs nimmt in der I. und II. Ertragsklasse nur für die stärksten 200, in der III. und IV. Ertragsklasse für die stärksten 400 Stämme bis in das höchste Alter hinein zu oder zeigt doch wenigstens keine Abnahmen, in den mittleren Stammgruppen erreicht dieser Procentsatz ein Maximum, welches nach unten hin in immer früheren Lebensaltern eintritt, und sinkt von da ab; in den schwächsten Gruppen zeigt die Zusammenstellung für die berücksichtigten Altersstufen höchstens ein Gleichbleiben oder sofort eine allmähliche Abnahme.

5. Was das Verhältniss zwischen dem procentualen Antheil der einzelnen Stammgruppen an der Zusammensetzung der Hauptbestandsmassen zu jenem am Gesammtzuwachs betrifft, so gestaltet sich dieses bei der Kiefer ganz ähnlich wie bei der Rothbuche.

In jener Altersperiode, in welcher die vorliegenden Untersuchungen beginnen, stehen beide Procentsätze ungefähr gleich, dann steigt der Procentsatz der Betheiligung am Zuwachs rascher als jener an der Massenbetheiligung, erreicht ein Maximum, nähert sich dann dem Procentsatz der Massenbetheiligung wieder, um schliesslich rasch und bedeutend unter ihn herunter zu sinken.

Bei den schwächsten Gruppen ist das Ansteigen innerhalb der bei der Zusammenstellung berücksichtigten Altersstufen nicht mehr ersichtlich, in den stärksten Stammgruppen tritt das Herabsinken noch nicht oder doch nicht in so erheblichem Maass ein. Vollkommen klar erscheint dieses Gesetz nur in den mittleren Gruppen.

6. Das Zuwachsprocent sinkt vom 30jährigen Alter ab durchweg mit zunehmendem Alter und zeigt als höchsten Betrag 6 %. Solange die Gruppen noch vollzählig sind, steht das Zuwachsprocent bei den demnächst ausscheidenden Gruppen immerhin noch verhältnissmässig hoch und beträgt zwischen 1 und 3. Die Abnahme der Zuwachsleistung tritt bei der Kiefer für die Stämme des periodischen Abganges, wie directe Untersuchungen und ebenso auch die alltägliche Beobachtung zeigt, rasch

und oft plötzlich ein. Das Zuwachsprocent der besten Stämme des Haubarkeitsbestandes sinkt dagegen nur sehr allmählich.

Dieses Verhältniss wird vielleicht am besten illustrirt, wenn man die Zahlen für die zweite Ertragsklasse im höheren Alter herausgreift. Die Zuwachsprocente sind hier für Stammgruppe:

		1—100	100—200	200—300	300—400
Alter:	100	1,2	1,2	1,1	0,9
	110	1,1	1,1	0,9	0,6
	120	1,0	1,0	0,7	0,3
	130	0,8	0,8	0,5	—
	140	0,7	0,7	0,4	—

7. Bei gleichem Alter nimmt der Regel nach das Zuwachsprocent von den stärkeren nach schwächeren Stammgruppen hin ab, und zwar zuerst langsam, dann allmählich immer rascher; nur in den frühesten Altersstufen der I. und II. Ertragsklasse liegt das Maximum des jeweiligen Zuwachsprocentes nicht bei den allerstärksten Stämmen, sondern etwas mehr nach der Mitte zu (Gruppe 201—400); erst vom 60 jährigen Alter ab, tritt auch hier das sonst allgemein gültige Gesetz voll in Geltung.

Als wirthschaftliche Folgerungen dürften aus den vorstehenden Untersuchungen folgende Sätze abzuleiten sein.

1. Bereits vom 40 jährigen Alter ab liefern die dereinst den Haubarkeitsbestand bildenden Stämme, deren Zahl rund zu 400 angenommen werden kann, über 40 $^0/_0$, vom 80 jährigen Alter ab sogar etwa 80 $^0/_0$ und mehr des Gesammtzuwachses. Die Pflege dieser wichtigen Bestandesglieder, als welche selbstverständlich nur künftige Nutzholzstämme, nicht aber schlechtgeformte, sperrige Vorwüchse zu betrachten sind, bildet daher eine Hauptaufgabe der Wirthschaft. Hierbei kommen besonders zwei Maassregeln in Betracht, nämlich die Sorge für die Ausbildung einer guten Krone und dann, soweit erforderlich, für Schaftreinigung durch Aestung.

Wenn auch bei der sich ohnehin rasch lichtstellenden Kiefer der Kronenfreihieb nicht jene Bedeutung besitzt, wie bei Schattenhölzern oder bei Mischbeständen aus Licht- und Schattenhölzern, so spielt er dennoch auch hier eine wichtige, keineswegs zu unterschätzende Rolle.

Um diese einen langen Zeitraum während Pflege consequent durchführen zu können, ist es zweckmässig, die Stämme des dereinstigen Haubarkeitsbestandes möglichst früh dauernd,

z. B. durch einen Oelfarbenring, zu bezeichnen, wie es bereits mehrfach geschieht.

Die Aestung lässt sich, wenn sie nur auf so wenige Stämme beschränkt wird, ohne nennenswerthen Kostenaufwand mit bestem Erfolg auch im grossen Betrieb, soweit überhaupt nöthig, vornehmen.

2. Da auch die schwächeren Stämme bis kurz vor ihrem Ausscheiden noch mit einem recht guten Massenzuwachsprocent arbeiten, welches in den mittleren Altersstufen ungefähr 2 beträgt, so liegt hierin allein schon ein Grund gegen deren Hinwegnahme im Wege starker Durchforstungen oder von Lichtungen, umsomehr als die sich von selbst sehr licht stellende Kiefer diesen Verlust durch stärkeren Zuwachs an den verbleibenden Individuen nicht auszugleichen vermag und auch gewichtige waldbauliche Gründe gegen derartige Hiebe sprechen. Der weitere, eingehende Beweis für den Vorzug des mässigen Durchforstungsgrades aus den Ergebnissen der Durchforstungsversuchsflächen bei der Kiefer muss dem nächsten Abschnitt meiner Arbeit vorbehalten bleiben.

Eine Neubearbeitung der Abschnitte VI (Ausscheidung des Ertrages nach Sortimenten) und VII (Geldertragstafel) meiner früheren Arbeit über die Kiefer in Norddeutschland habe ich hier unterlassen, weil die grundlegenden Angaben hinsichtlich der Derbholzmassen eine wesentliche Aenderung nicht erfahren haben, die dort enthaltenen Zahlen behalten daher ihre Gültigkeit. Ausserdem sind auch noch die Rücksichten auf den Umfang und die Kosten des Buches bei den Erwägungen sehr in die Wagschale gefallen und haben mich dazu veranlasst, diese, dem eigentlichen Zwecke doch immerhin etwas ferner liegenden Untersuchungen hier wegzulassen.